豫北地区主要花卉及其应用

YUBEI DIQU ZHUYAO HUAHUI JIQI YINGYONG

薛　景　张红英　主编

U0333022

中国林业出版社

图书在版编目（ＣＩＰ）数据

豫北地区主要花卉及其应用 / 薛景, 张红英主编.
-- 北京 : 中国林业出版社, 2014.6
ISBN 978-7-5038-7486-4

Ⅰ.①豫… Ⅱ.①薛… ②张… Ⅲ.①花卉—观赏园
艺 Ⅳ.①S68

中国版本图书馆CIP数据核字(2014)第093597号

责任编辑：贾麦娥
装帧设计：刘临川
出版发行 中国林业出版社（100009 北京西城区刘海胡同7号）
电　　话：010－83227226
印　　刷：北京卡乐富印刷有限公司
版　　次：2014年6月第1版
印　　次：2014年6月第1次
开　　本：148mm×210mm
印　　张：8；彩插：1
定　　价：48.00元

八仙花

变叶木

菖蒲

一串红

大丽花

倒挂金钟　　　　　　　　　　堆心菊

二月蓝　　　　　　　　　　飞燕草

非洲菊

风信子

瓜叶菊

荷花

鹤望兰

蕙兰

马蹄莲

美国薄荷

金鸡菊

美人蕉

蒲包花

三色堇

肾蕨　　　　　　　　　睡莲

天竺葵

万寿菊

文竹

香豌豆

仙人球

一品红

朱顶红

白晶菊

百日草

彩叶草

常夏石竹

雏菊

葱兰

翠菊

钓钟柳

旱伞草

旱金莲

黑心菊

角菫

金光菊　　　　　　　　　　　　芒

桔梗

菊花

马蔺

狼尾草　　　　　　　　　　　观赏辣椒

毛地黄

皇帝菊 　　　　　　　　　　　　　　山桃草

美丽月见草

芍药

蛇鞭菊

射干

蓍草

石蒜

五色苋

蜀葵

宿根天人菊

向日葵

鸢尾

萱草

紫松果菊

火炬花

虞美人

白头翁

百合

大滨菊

地肤

非洲凤仙

佛甲草　　　　　　　　　　　　荷兰菊

芙蓉葵

忽地笑

花毛茛

荆芥
菊芋

卷丹

孔雀草

千日红

宿根亚麻

银边翠　　　　　　　　　　　　紫花地丁

玉簪

长叶婆婆纳

垂盆草

多叶羽扇豆

凤尾兰

荷包牡丹

硫华菊

麦秆菊

牡丹

糯米条 蒲公英

石竹

矢车菊

唐菖蒲

银叶菊

羽衣甘蓝

月季

紫萼

灯芯草

蓝刺头

蓝花鼠尾草

四季秋海棠

水葱　　　　　　　　　　香彩雀

勋章菊

羽叶茑萝

编写说明

　　本书的作者多是常年工作在园林绿化一线，有着丰富的工作经验，并结合实际及查看大量书籍资料，收录了豫北地区园林绿化中常用的主要花卉种类，以露地花卉为主，兼有温室花卉、水培花卉等，论述了各种花卉的形态特征、习性、养护要点、繁殖方法、病虫害防治、景观用途等，并附以照片，使读者更能直观地了解各类花卉。

　　由于作者水平所限，遗漏和错误之处在所难免，敬请读者在使用过程中不吝指正。

作　者

2014 年 2 月 28 日

目　录

绪　论

一、花卉的含义

花卉有广义和狭义两种意义，狭义的花卉是指有观赏价值的草本植物；广义的花卉除指有观赏价值的草本植物外，还包括草本或木本的地被植物、花灌木、开花乔木以及盆景等。

二、我国花卉资源及栽培历史

1. 我国花卉种质资源丰富

我国幅员辽阔、地势起伏、气候多样，是许多名花异卉的原产地，也是世界上花卉种类和资源最为丰富的国家之一，既有热带、亚热带、温带、寒温带花卉，又有高山花卉、岩生花卉、沼泽花卉、水生花卉等。19世纪大量的中国花卉资源开始外流。

2. 我国花卉栽培历史悠久

我国劳动人民在长期生产实践中培育出许多新的栽培品种，更加丰富了我国的花卉种质资源。如芍药，在宋朝据周师厚记载有41个品种，在清朝据陈淏子记载已达到88个品种；菊花，在明朝据李时珍记载有300多个品种；凤仙，在清朝据赵学敏记载有233个品种。花卉在我国的栽培历史也极为悠久。《诗经·郑风》中就有"维士与女，伊其相谑，赠之以芍药"、"彼泽之陂，有蒲有荷"的记载，这说明我国在战国时期就有栽植花木的习惯。

此外，在我国的民俗文化中，花卉具有丰富的文化内涵。民俗即民间风俗，是广大民众所创造和传承的文化现象，具有民族性与地方性的特征，即所说的"十里不同风，百里不同俗。"不同的民族、不同的地区，在历史发展过程中，形成了各具特色、多姿多彩的民俗文化，反映了不同民族、地区的历史发展轨迹，也是一个地区或民族文化不断发展创新的根源。

三、花卉栽培的意义和作用

1. 在园林绿化中的作用

花卉是园林绿化、美化和香化的重要材料，因其花色艳丽、装饰效果强，不仅可以创造优美的工作、休息环境，还可使人们在生活之中、劳动之余得以欣赏自然，有利于消除疲劳，增进身心健康。

2. 在文化生活中的作用

随着社会的发展，人们对花卉的需求量也越来越迫切。花卉可以给人以美的享受，在社交活动中能够表达敬意、增进团结、促进科学文化交流，而且富有教育意义，有助于人们对自然的了解，增长科学知识，提供科学研究条件。

3. 在经济生产中的作用

花卉生产栽培是一项重要的园艺生产，不仅可以直接满足人们对美的需求，而且还可输出国外，换取外汇，如漳州水仙、兰州百合、云南山茶花、上海香石竹等，国外如荷兰郁金香、日本菊花、意大利干花等均为国际名品。

总　论

第一章　花卉资源分布

一、野生花卉资源自然分布中心

1. 地中海气候型

多种秋植球根花卉分布中心。

2. 墨西哥气候型

春植球根花卉分布中心。

3. 欧洲气候型

一些耐寒性一、二年生草花及部分宿根花卉分布中心。

4. 热带气候型

不耐寒一年生花卉及热带花木类分布中心。

5. 沙漠气候型

仙人掌类及多浆植物分布中心。

6. 寒带气候型

耐寒植物及高山植物分布中心。

7. 中国气候型

涉及地理范围较广，分温暖型和冷凉型。

二、染色体的倍数性在地理分布上的表现

植物的自然地理分布往往与染色体倍数及数量有一定关系，由于气候型的不同，表现在染色体倍数及组型上也有相应的差异。

第二章　花卉的分类

一、依生态习性分类

依花卉原产地的气候条件、耐寒能力及栽培方式的不同，可分为露地花卉和温室花卉。

1. 露地花卉

凡是全部的生长发育过程均在露地完成的花卉。

A. 一、二年生草本花卉：是指当年春季或秋季播种，于当年或第二年完成生长、开花、结实、枯死的全部生命过程的花卉。其中春季播种、夏季开花，于秋末冬初枯死的花卉为一年生花卉，如一串红、鸡冠花、万寿菊等。于第二年春秋开花结实，然后枯死的花卉为二年生花卉，如金盏菊、金鱼草、三色堇、虞美人等。

B. 宿根花卉：此类花卉均为多年生草本植物，耐寒性强，在早霜到来之后地上部分逐渐枯死，而地下部分（根和茎）休眠，第二年春天在天气转暖后又逐渐发芽，可继续生长、开花、结实，一般能几年到十几年连续开花不绝，如芍药、鸢尾、荷包牡丹等；也有部分常绿宿根花卉，地上部分冬季不枯死，年年如期开花，如麦冬、沿阶草等。

C. 球根花卉：为多年生草本，地下部分具有膨大的变态茎或根，呈球状或块状，主要类型有：

球茎——唐菖蒲；鳞茎——水仙、百合、郁金香；根茎——美人蕉；块茎——马蹄莲、球根海棠；块根——大丽花。

D. 水生花卉：生长在水中或沼泽地中的花卉种类，如荷花、睡莲等。

E. 木本花卉：具有木质坚硬的茎干，多为小乔木或灌木，寿命较长，供庭院栽植或盆栽观赏，如梅花、月季、牡丹等。

2. 温室花卉

原产热带及亚热带的花卉种类，均不耐寒，凡不能在当地露地越冬，必须在温室栽培的花卉，称为温室花卉。只在温室内作短暂栽培，如催花等，均不为温室花卉。

A. 一、二年生草本花卉：瓜叶菊、蒲包花等。

B. 宿根花卉：君子兰、非洲菊、报春类等。

C. 球根花卉：仙客来、马蹄莲等。

D. 木本花卉：扶桑、茉莉、三角花等。

E. 多浆植物和仙人掌类：仙人掌、昙花、芦荟等。

二、依园林用途分类

1. 按观赏部位分

A. 观花类：牡丹、梅花、茶花、菊花等。

B. 观叶类：龟背竹、旱伞草、花叶芋等。

C. 观茎类：玉树、佛肚竹、仙人掌类等。

D. 观果类：金橘、火棘、佛手等。

E. 观芽类：银芽柳等。

2. 按开花季节分

A. 春花类：三色堇、碧桃、迎春、玉兰、榆叶梅等。

B. 夏花类：石榴、紫薇、木槿等。

C. 秋花类：菊花、桂花、大丽花等。

D. 冬花类：蜡梅(冬季气候寒冷，这一季节开花植物较少)。

3. 按利用形式分

A. 花坛花卉：用于布置花坛，以露地一、二年生草花为主，如三色堇、金盏菊等。

B. 盆栽花卉：以盆栽形式装饰室内、点缀庭院，如文竹、巴西木等。

C. 庭院花卉：布置庭院，大多是宿根或木本类，如紫薇、牡丹、丁香等。

D. 切花花卉：供应市场鲜切花用，如非洲菊、玫瑰、香石竹等。

三、依经济用途分类

1. 药用花卉
如芍药、桔梗等。
2. 香料花卉
如玫瑰、晚香玉等。
3. 食用花卉
如百合、芦荟等。
4. 其他可生产纤维、淀粉、油料的花卉
如苘麻、山茶等。

四、依自然分布分类

1. 热带花卉。　　2. 温带花卉。　　3. 寒带花卉。
4. 高山花卉。　　5. 水生花卉。　　6. 岩生花卉。
7. 沙漠花卉。

五、依栽培方式分类

1. 露地花卉。　　2. 温室花卉。　　3. 切花栽培。
4. 促成栽培。　　5. 抑制栽培。　　6. 无土栽培。
7. 阴棚栽培。　　8. 种苗栽培。

六、依花卉原产地分类

1. 地中海气候型
风信子、郁金香、花菱草、羽扇豆、射干水仙、白头翁、番红花、龙面花、酢浆草、石竹、香豌豆、君子兰、鹤望兰、金鱼草等。
2. 墨西哥气候型
大丽花、晚香玉、百日草、波斯菊、万寿菊、藿香蓟、旱金莲、香水月季、一品红、云南山茶、球根秋海棠、常绿杜鹃等。
3. 欧洲气候型
三色堇、雏菊、矢车菊、霞草、勿忘草、紫罗兰、铃兰、锦葵、毛地黄、宿根亚麻、剪秋罗、羽衣甘蓝、银白草、喇叭水仙等。

4. 热带气候型

A. 亚洲、非洲及大洋洲热带著名花卉：鸡冠花、虎尾兰、彩叶草、变叶木、凤仙花、万代兰、红桑、猪笼草、蝙蝠蕨、非洲紫罗兰等。

B. 中美洲及南美洲热带原产著名花卉：紫茉莉、花烛、长春花、大岩桐、美人蕉、竹芋、牵牛花、秋海棠、朱顶红、卡特兰、水塔花、胡椒草等。

5. 沙漠气候型

芦荟、十二卷、龙舌兰、仙人掌、光棍树、霸王鞭、珈蓝菜等。

6. 寒带气候型

细叶百合、绿绒蒿、龙胆、点地梅、雪莲等。

7. 中国气候型

A. 温暖型（低纬度地区）：中国水仙、百合、山茶、杜鹃、中国石竹、南天竹、马蹄莲、一串红、美女樱、唐菖蒲、花烟草、凤仙、报春等。

B. 冷凉型（高纬度地区）：菊花、芍药、翠菊、荷包牡丹、荷兰菊、花毛茛、铁线莲、鸢尾、贴梗海棠、金光菊、蛇鞭菊、醉鱼草、紫菀等。

第三章　花卉的生长发育

第一节　生长发育特性

一、花卉生长发育的规律性

花卉同其它植物一样，无论从种子到种子或从球根到球根，在整个一生中既有生命周期的变化，也有年周期的变化。大多数种类在个体发育中经历种子休眠和萌发、营养生长和生殖生长三大时期。

不同种类花卉的生命周期长短差距很大，一般花木类的生命周期从数年至数百年不等，如牡丹的生命周期可达 300~400 年之久，而短命菊的生命周期只有短短的三四个星期。

花卉在年周期中表现最明显的有两个阶段，即生长期和休眠期的规律性变化。一年生花卉由于春天萌芽后，当年开花结实而后死亡，仅有生长期的各时期变化，因此年周期即为生命周期（如一串红、鸡冠花、羽衣甘蓝等）。二年生花卉秋播后，以幼苗状态越冬休眠或半休眠，多数宿根花卉和球根花卉则在开花结实后，地上部分枯死，地下贮藏器官形成后进入休眠越冬（如芍药、萱草、鸢尾等）或越夏（如水仙、郁金香、风信子等），还有许多常绿性多年生花卉，在适宜的环境条件下，几乎周年生长保持常绿而无休眠期（如万年青、麦冬等）。

二、花卉发育的特点

植物在个体发育过程中年复一年地重复着萌芽、生长、开花、结实、芽或贮藏器官的形成以及休眠等变化，然后逐渐衰老死亡。

1. 春化作用

某些植物在个体生育过程中要求必须通过一个低温期，才能继续下一阶段的发育，即引起花芽分化，否则不能开花。这个低温周期就叫春化作用，也称感温性。在温带地区栽培的作物，就可以看到自然低温所导致的春化作用。如秋播花卉在春天播种，当年不能开花结果，如果在播种前使种子吸水，长出幼苗后放在低温下保持一定时间，就能当年开花结实。再如牡丹：6～7月花芽分化，9月初形成后经冬季低温，次年开花就可花色艳丽、花径大、花瓣多。不同植物所要求的低温值和低温时期是不相同的，依据要求低温值的不同，可分为以下三种类型：

A. 冬性植物：春化阶段要求的温度在 0～10℃，能够在 5～15 天的时间内完成春化阶段，而在 0℃的温度下进行得最快。

B. 春性植物：春化阶段要求的温度在 5～12℃，能够在 30～70 天的时间内完成春化阶段。

C. 半冬性植物：在通过春化阶段时，对于温度的要求不甚敏感，在 15℃的温度下也能完成春化作用，但最低温度不能低于 3℃，通过春化阶段的时间是 15～20 天。

2. 光周期作用

光周期是指一日中日出日落的时数，或指一日中明暗交替的时数。植物的光周期作用则指光周期对植物生长发育的反应，是植物发育中一个重要的因素，从营养生长到花原基的形成都有决定性的影响。根据植物开花过程对日照长短的反应，可分为以下 3 种类型：

A. 长日照植物：日照在 12 小时以上才能形成花芽的植物，多在春、夏开花，如木槿、鸢尾、石榴。若在昼夜不间断的光照下，能够促进开花，相反在较短的日照下，便不开花或延迟开花。

B. 短日照植物：需在日照短、暗期长的条件下，即每天日照在 8～12 小时才能形成花芽的植物，多在秋季开花，如一品红、菊花等。

C. 中日照植物：花芽的形成对白天日照长短要求不严，只要温度适合，一年四季均可开花，如石竹、百日草等。

第二节 花芽分化

一、花芽分化的原理

碳—氮比学说认为花芽分化的物质基础是植物体内糖类的积累，并以 C—N 率来表示。这种学说认为植物体内含氮化合物与同化糖类含量的比例，是决定花芽分化的主要因素，当糖类含量比较多而含氮化合物少时，可以促进花芽的分化。

成花素学说认为花芽分化是由于成花素的作用，花芽的分化是以花原基的形成为基础的，而花原基的发生则是由于植物体内各种激素趋于平衡所导致的。形成花原基以后的生长发育速度也受营养和激素所制约。

二、花芽分化的阶段

当植物进行一定营养生长，并通过春化阶段及光照阶段后，即进入生殖阶段，营养生长逐渐缓慢或停止，花芽开始分化，芽内生长点向花芽方向形成，直至雌、雄蕊完全形成为止。这个过程可分为生理分化期、形态分化期和性细胞形成期，三者顺序不可改变且缺一不可。

三、花芽分化的类型

1. 夏秋分化类型

花芽分化一年一次，于 6~9 月高温季节进行，至秋末花器的主要部分已完成，第二年早春或春天开花。但其性细胞的形成必须经过低温，如梅花、牡丹、丁香等。球根花卉也在夏季较高温度下进行花芽分化，而秋植球根花卉在进入夏季后地上部分全部枯死，进入休眠状态停止生长，花芽分化却在夏季休眠期进行，此时温度不宜过高，超过 20℃ 则花芽分化受阻，通常最适温度为 17~18℃；春植球根在夏季生长期进行花芽分化。

2. 冬春分化类型

原产温带地区的某些木本花卉多属于此类型，如柑橘类，12 月至翌年 3 月完成，特点是分化时间短并连续进行。一些二年生花卉和春季开花的宿根花卉仅在春季温度较低时进行。

3. 当年一次分化的类型

一些当年夏秋开花的种类，在当年枝的新梢上或花茎顶端形成花芽，如紫薇、木槿以及萱草、菊花等。

4. 多次分化类型

一年中多次发枝，每次枝顶均能形成花芽并开花，如月季、茉莉等四季性开花的花木及宿根花卉，在一年中都可持续分化花芽，当主茎生长达一定高度时，顶端营养生长停止，花芽逐渐形成，养分即集中于顶花芽。在顶花芽形成过程中，其它花芽又继续在基部生出的侧枝上形成，如此在四季中可以开花不断。这些花卉通常在花芽分化和开花过程中，其营养生长仍继续进行。决定开花的迟早依播种出苗时期和以后生长的速度而定。

5. 不定期分化类型

每年只分化一次花芽，但无一定时期，只要达到一定的叶面积就能开花，主要视植物体自身养分的积累程度而异，如凤梨科和芭蕉科的一些种类。

第四章　花卉与环境影响

花卉赖以生存的主要环境因子有温度(气温与地温)、光照(光的组成、光的强度和光周期)、水分(空气湿度与土壤湿度)、土壤(土壤组成、物理性质及化学性质)、大气以及生物因子等。花卉的生长发育除决定于其本身的遗传特性外，还取决于对这些环境因子的要求、适应以及对环境因子的控制和调节关系。

第一节　温度影响

一、温度对生长的影响

温度是影响花卉生长发育最重要的环境因子之一，关系也最为密切，因为它影响着植物体内一切生理的变化。花卉生长要求温度一般有 3 个基点：最低温、最高温和最适温。热带地区生长的花卉 3 个基点较高，原产寒带及高山的花卉 3 个基点较低，而温带花卉生长的 3 个基点介于二者之间。只有在适宜的温度下，花卉才能迅速生长。

1. 温度对呼吸作用的影响

一般情况下，温度越高，花卉的呼吸作用愈强。大多数植物呼吸作用的最高温度为 35 ~ 55℃，最适温度为 25 ~ 35℃，最低温度为 0℃。

2. 温度对光合作用的影响

植物在进行光合作用时，对温度的变化也是比较明显的。大多数植物在 0 ~ 2℃时，光合作用停止；在 20 ~ 28℃ 时，光合作用最强烈；在 35℃以上，光合作用开始下降(喜温植物在 40 ~ 50℃也能进行光合作用)。

3. 温度对蒸腾作用的影响

A. 温度高——蒸腾快；温度低——蒸腾慢。

B. 根系生长最适温在 15 ~ 25℃，高温使根老化。

根系水分的吸收作用随温度的升高而加强；根系水分的吸收作用随温度的降低而减弱。

4. 温度对酶的影响

温度过高、过低影响酶的活动，使有机物转化和运输受阻。如 5℃ 以下抑制叶片内糖类的外运，20 ~ 30℃ 运输最快，40℃ 时开始下降。

5. 温周期现象

温度的周期变化对生长发育的影响称为温周期现象。

A. 年周期现象：植物的生长随季节的变化表现为周期现象，如春季开始萌发，夏季生长旺盛，秋季生长缓慢，冬季进入休眠（有些是夏季休眠，如仙客来 7 ~ 9 月休眠）。

B. 昼夜温周期现象：是直接影响到植物生长的温度条件。白天适当的高温有利于光合作用，夜间适当的低温可抑制呼吸作用，降低对光合作用的消耗，有利于营养生长和生殖生长（日温较高、夜温较低对生长有利）。

6. 地温的影响

最适的地温是昼夜气温的平均数。在气温很低的情况下，地温比气温高 5℃。浇水时水温应与地温相近，温差最大不得超过 10℃。如温差过大，根部受低温影响会形成萎蔫，甚至导致死亡（夏季盆土温度高，浇水要在早上或傍晚进行，用晒过的温水而不可用自来水管直接浇）。

二、温度对花卉分布的影响

不同气候带中分布着不同的植被类型，也分布着不同的花卉，如气生兰类主要分布在热带、亚热带；百合类主要分布在北半球温带；仙人掌类主要分布在热带、亚热带干旱地区沙漠地带或森林中。不同的海拔高度也分布着不同的花卉，如雪莲、杜鹃、龙胆等分布在高海拔地区；翠菊主要分布在海拔 800 ~ 1000m 左右；金莲花主要分布在海拔 1800m 左右；龙芽菜可在多种海拔出现。

由于不同气候带，气温相差甚远，花卉的耐寒力也不相同，通常依据耐寒力的大小将花卉分成以下 3 种：

1. 耐寒性花卉

原产于温带及寒带的二年生花卉及宿根花卉，抗寒力强，在我国寒冷地区能露地越冬，一般能耐 0℃ 左右的温度，其中一部分种类也能耐 -5℃ 以下的低温，如三色堇、金鱼草、蛇目菊、诸葛菜等。多数宿根花卉如蜀葵、金光菊、玉簪、一枝黄花等在严冬到来时，地上部分全部干枯，到翌年春季又萌发新芽而生长开花。二年生花卉在生长期不耐高温，在炎夏到来以前完成其结实阶段而枯死。

2. 半耐寒性花卉

这一类花卉多原产于温带较暖处，耐寒力介于耐寒性和不耐寒性之间，在北方冬季需加防寒措施才可越冬，如紫罗兰、桂竹香、金盏花等，一般是在秋季露地播种育苗，在早霜到来之前移植于冷床(阳畦)中，保护越冬。当春季晚霜过后定植于露地，此后在春季冷凉气候下迅速生长开花，在初夏较高温度中结实，夏季炎热时期到来后死亡。

3. 不耐寒性花卉

此类多为一年生花卉及不耐寒的多年生花卉，原产热带及亚热带，在生长期要求高温，不能忍受 0℃ 以下的温度，其中一部分种类不能忍耐 5℃ 左右的气温，在此温度范围内会停止生长甚至死亡。因此，不耐寒性花卉的生长发育要在一年中无霜期内进行，即在春季晚霜过后开始生长发育，在秋季早霜到来时死亡。

温室花卉为不耐寒性花卉，一般原产于热带或亚热带，在我国北方不能露地越冬。依其原产地的不同，可分为：

A. 低温温室花卉：大部分原产于温带南部，为半耐寒花卉，生长期要求温度为 5~8℃ (夜间最低温度应在 3~5℃ 之间)，如茶花、紫罗兰、瓜叶菊、报春类、小苍兰类、倒挂金钟类等。在我国华北地区可在冷室或冷床(阳畦)内越冬，春季晚霜过后，移出室外或定植于露地；在长江以南地区有些可以完全露地越冬。此类花卉如冬季温度过高会生长不良。

B. 中温温室花卉：大部分原产于亚热带及对温度要求不高的热带，生长期要求温度为 8～15℃（夜间最低温度应在 8～10℃ 之间），如香石竹、仙客来、天竺葵类等。在我国华南地区可露地越冬。

C. 高温温室花卉：大部分原产于热带，生长期要求温度为 15℃ 以上，也可高达 30℃ 左右，不仅不能忍受摄氏零下温度，一些品种在 5～10℃ 时就会死亡，如变叶木、王莲、热带睡莲等。在我国广东南部、云南南部、台湾及海南岛等地区可露地栽培。

三、温度对发育的影响

温度不仅影响着花卉的种类分布和生长，还影响着花卉发育的每一过程和时期。如种子或球根的休眠、茎的伸长、花芽的分化和发育等，都与温度有密切关系。而同一花卉的不同发育时期对温度的要求也不相同，即从种子发芽到种子成熟，对温度的要求是不断改变的。一年生花卉的种子萌发在较高温度中进行，幼苗期要求温度较低，幼苗渐长到开花结实阶段，对温度的要求逐渐增高。二年生花卉的种子萌发在较低温度中进行，幼苗期要求温度更低，否则不能通过春化阶段，而开花结实时，则要求稍高于营养生长时期的温度。

1. 昼夜温差的作用

植物对昼夜最适温度的要求，是植物生活中是适应温度周期性变化的结果，即为季节变化和昼夜变化。这种周期性变温环境对许多植物的生长发育是有利的，而不同气候型植物，其昼夜的温差也不相同。如一般热带植物的昼夜温差为 3～6℃，温带植物为 5～7℃，沙漠气候型植物为 10℃ 以上。栽培中为使花卉生长迅速，最理想的条件是昼夜温差要大，白天温度应在该花卉光合作用的最佳温度范围内，夜间温度应在呼吸作用较弱的温度范围内，以便得到较大的差额，积累更多的有机物质，促进生长。但昼夜温差也有一定的范围，并非温差越大越好，否则对生长也是不利的。

2. 对花芽分化的作用

温度对花卉的花芽分化和发育有明显影响，因种类不同，花芽分化和发育所要求的适温也不相同，可分为以下两类情况：

A. 高温下进行花芽分化：花木类如杜鹃、樱花、山茶、梅、桃、紫藤等都在 6～8 月气温高至 25℃ 以上时进行分化，入秋后植物体进入休眠，经过一定低温后结束或打破休眠而开花。许多球根花卉的花芽也在夏季较高温度下进行分化，如唐菖蒲、晚香玉、美人蕉等春植球根于夏季生长期进行，而郁金香、风信子等秋植球根是在夏季休眠期进行。

B. 低温下进行花芽分化：许多原产温带中北部以及各地的高山花卉，其花芽分化多要求在 20℃ 以下较凉爽的气候条件下进行，如八仙花、卡特兰属和石斛属的一些种类在低温 13℃ 左右和短日照下促进花芽分化；秋播草花如金盏、雏菊也要求在低温下分化。

温度对分化后花芽的发育也有很多影响。如郁金香、风信子、水仙等都以高温为分化最适温，而分化后初期要求低温，以后温度逐渐升高能起促进作用，此时的低温最适值和范围因品种而异，郁金香为 2～9℃，风信子为 9～13℃，水仙为 5～9℃，必要的低温时期为 6～13 周。

3. 对花色的影响

温度是影响花色的主要环境条件，在很多花卉中特别因温度和光强作用，对花色有很大影响，它们随着温度的升高和光强减弱，花色变浅，如蟹爪兰属和落地生根属中可常见到。又如原产墨西哥的大丽花，如在暖地栽培，一般炎热夏季不开花，即使开花也是花色暗淡，直至秋凉后才变得鲜艳；而在寒冷地区栽培的大丽花，盛夏也开花。再如一些月季的花色在低温下呈浓红色，在高温下呈白色。

四、低温和高温对植物的损伤及防治

温度过高或过低都影响植物的正常生理活动，使之停止生长甚至死亡。

1. 低温

低温使原生质活力降低，根的吸收能力衰退，造成植物的嫩枝和叶片萎蔫，如低温时间过长，植物受冻害而死亡。忍受低温的能力常以植物的生长状况而异，休眠的种子可以耐零下极低的温度，

而生长中的植物体耐寒能力低，但经过秋季和初冬冷凉气候的锻炼，可以提高植物忍受较低温度的能力，在春季新芽萌发后耐寒力即失去。因此耐寒力在一定程度上是在外界环境条件下获得的。如植物体内有丰富的有机质，水分含量较少，抗寒能力就会加强，所以露地花卉在越冬前增施有机肥料，有防冻、抗寒作用。同时，适时浇水也能减少植物冻害发生。为防止草本植物受到晚霜危害，常采取霜后在叶面喷水的方法来抵抗霜害，也可灌水，避免出现解冻时因蒸发太快，来不及吸水而枯干的现象。

2. 高温

高温使植物的正常生理活动受阻，使叶绿体遭破坏而减弱光合作用。高温会引起呼吸作用增加、蒸腾作用加强、养分消耗过大，在干旱高温的气候下，会使叶片组织坏死，因此及时供应蒸腾所需水分，以利于降低植物的体温。不同花卉种类其耐热性也不同，一般来说，耐寒力强的花卉种类其耐热力弱，而耐寒力弱的其耐热力较强，但在温度高于该品种的最高温度时，也会受到损害。一般花卉种类在 35～40℃ 温度下生长就缓慢下来，虽然有些花卉种类在 40℃ 以上仍能继续生长，但再增长至 50℃ 以上时，除原产热带干旱地区的多浆植物外，绝大多数种类会死亡。为防止高温的伤害，应该经常保持土壤湿润，以促进蒸腾作用的进行，使植物体温降低。叶面喷水可降低叶面温度 6～7℃。在栽培中常用灌溉、松土、地面铺草或设置阴棚等方法减轻高温的危害。

温室调节温度必须符合自然温度变化的规律，防止骤升骤降，防止夜温高于日温，保持一定的年温差与日温差。要防止高温温室夜温过低，低温温室日温过高。在自然条件下，日温差为 10～15℃，保持一定的日温差，对植物生长发育有良好作用。

第二节　光照影响

阳光是植物生存的必要条件，是植物制造有机物质的能量源泉，对植物生长发育有着重要作用。

一、光照强度对花卉生长发育的影响

光照强度依据地理位置、地势高低及云量、雨量的不同变化，其变化是有规律性的：随纬度的增加而减弱，随海拔的升高而增强。一年之中以夏季光照最强，冬季光照最弱；一天之中以中午光照最强，早晚光照最弱。光照强度不同，不仅直接影响光合作用的强度，而且还影响到一系列形态和解剖上的变化，如叶片的大小和厚薄、茎的粗细、节间的长短、叶肉结构、花色浓淡等。

1. 对生长的影响

不同花卉对光照强度的反应也是不一样的，如多数露地草花，在阳光充足的条件下，植株生长健壮，着花多且花大；又如玉簪、铃兰、万年青等在半遮阴条件下能健康生长，而在光照充足的条件下生长极为不良。依花卉生长对光照强度要求的不同，可将花卉分为以下几类：

A. 强阴性花卉：极度耐阴，生长期间要求遮阴度为80%左右，如兰科、天南星科、蕨类植物等。

B. 阴性花卉：不能忍受强烈的直射光线，生长期一般要求50%~80%蔽荫度的环境条件。此类花卉多生长于热带雨林下或分布于林下及阴坡，如秋海棠、茶花、杜鹃、凤梨科、姜科植物等。

C. 中性花卉：对光照要求不严，一般喜欢阳光充足，但也可以在微阴下生长良好，日辐射太强则需遮阴，如扶桑、茉莉、棕榈、萱草、桔梗等。

D. 阳性花卉：此类花卉必须在完全的光照下生长，不能忍受蔽荫，否则生长不良。原产于热带及温带平原上，高原南坡上以及高山阳面的花卉均为阳性花卉，如仙人掌类、景天科、番杏科等多浆植物，以及多数一、二年生花卉和宿根花卉。

2. 对花蕾的影响

光照强弱对花蕾开放时间也有很大影响。大多数花卉晨开夜闭；半枝莲、酢浆草等必须在强光下开花；月见草、紫茉莉、晚香玉等在傍晚时盛开且香味更浓；昙花在夜间开放；牵牛和亚麻在晨曦盛开。

3. 对花色的影响

光照强度对花色也有影响。紫红色的花是由于花青素的存在而形成的，而花青素必须在强光下才能产生，在散光下不易产生，如春季芍药的紫红色嫩芽及秋季红叶均为花青素的颜色。花青素产生的原因除受强光影响外，一般还与温度和光的波长有关，如芍药嫩芽，是由于春季夜间温度较低，白天同化作用产生的碳水化合物在转移过程中受到阻碍，滞留叶中而成为花青素产生的物质基础。

二、光照长度对花卉生长发育的影响

光照长度除了是每一种植物赖以开花的必需因子外，还影响植物的其它生长发育过程，如植物的种类分布、冬季休眠、球根的形成、节间的伸长、叶片发育、花青素的形成等。关于光照长度与开花的关系在"花卉的生长发育"一章中已做阐述。

1. 日照长度与植物的分布

日照长度的变化随纬度而不同，植物的分布也因纬度而异，因此日照长度也必然与植物的分布有关。在热带和亚热带地区，由于全年日照长度均等，昼夜几乎都为 12 小时，所以原产该地区的植物必然属于短日照植物。在偏离赤道南北较高纬度的温带地区，夏季日照渐长黑夜缩短，冬季日照渐短而黑夜渐长，所以原产该地区的植物必然属于长日照植物。

2. 日照长度与植物的营养繁殖

日照长度还能促进某些植物的营养繁殖。如长日照能促进虎耳草的腋芽发育成匍匐茎，还能促进禾本科植物的分蘖；短日照能促进秋海棠等一些植物块茎、块根的形成和生长。

3. 日照长度与植物的休眠

日照长度对温带植物的休眠有重要意义。长日照通常促进植物营养生长，短日照经常促进植物休眠，因此，休眠能够在短日照处理的暗周期中间曝以间歇光照，从而获得长日照效应。

三、光的组成对花卉生长发育的影响

光的组成是指具有不同波长的太阳光谱成分，根据测定，太阳光的波长范围主要在 150 ~ 4000nm，其中可见光（即红、橙、黄、绿、蓝、紫）波长在 380 ~ 760nm 之间，占全部太阳光辐射的 52%，不可见光即红外线占 43%，紫外线占 5%。

不同波长的光对植物生长发育的作用不同。红光、橙光有利于植物碳水化合物的合成，加速长日照植物的发育，延缓短日照植物发育；蓝紫光能加速短日照植物发育，延缓长日照植物发育；蓝光有利于蛋白质的合成；短光波的蓝紫光和紫外线能抑制茎的伸长和促进花青素的形成；紫外光有利于维生素 C 的合成。

植物同化作用吸收最多的是红光和橙光，其次为黄光，而蓝紫光的同化作用效率仅为红光的 14%。在太阳直射光中红光和黄光最多只有 37%，而在散射光中占 50% ~ 60%，所以散射光对半阴性花卉及要求弱光的花卉作用大于直射光，但同时直射光所含紫外线比例大于散射光，对防止植物徒长的作用较大。因高山和热带地区紫外线较多，能促进花青素的形成，所以较之平地花卉色彩更加艳丽。

光对花卉种子萌发也有不同的影响。报春花、秋海棠等种子曝光时发芽比在黑暗中发芽的效果好，称为光性种子，播种后不用覆土或稍覆土即可；喜林草等种子需要在黑暗条件下发芽，称为嫌光性种子，播种后必须覆土，否则不会发芽。

第三节　水分影响

一、不同花卉对水分的要求

水分是植物体的重要组成部分，也是植物生命活动的必要条件。植物生活所需要的元素除碳和少量氧以外，都来自含在水中的矿物质被根毛吸收后供给植物体的生长和发育。光合作用也只有在水存在的条件下，光作用于叶绿素时才能进行，所以植物需水量很大。由于种类不同，植物需水量有很大差别，这同原产地的雨量及其分布状况有关。为了适应环境的水分状况，植物体在形态上和生理机能上形成了特殊要求。依对水分的关系，花卉可分为以下几类：

1. 旱生花卉

该类花卉耐旱性强，能忍受较长期空气或土壤的干燥而继续生活，大多数原产炎热而干旱地区的仙人掌科、景天科等属于此类。它们为了适应干旱环境，在外部形态和内部构造上都产生许多适应外界环境的变化和特征。如叶片变小或退化成刺毛状、针状，或肉质化；表皮层、角质层加厚，气孔下陷；叶表面具厚茸毛；细胞液浓度和渗透压变大；根系发达而吸水能力增强。

2. 湿生花卉

该类花卉耐旱性弱，生长期间要求经常有大量水分存在，或有饱和水的土壤和空气，大多数原产热带沼泽地、阴湿森林中的植物和一些热带兰、蕨类、凤梨科花卉，以及荷花、睡莲、王莲等水生植物均属于此类。它们的根、茎和叶内多有通气组织的气腔与外界互相通气，吸收氧气以供给根系需要。

3. 中生花卉

该类花卉对水分的要求和形态特征介于以上两者之间，大多数露地花卉属于此类。

在园林中，一般露地花卉要求适度湿润的土壤，但因种类不同，其抗旱能力也有较大差异。凡根系分生能力强，并能深入地下的种类，能从干燥土壤里吸收必要的水分，其抗旱力则强，因此大多数宿根花卉抗旱力强于一二年生花卉和球根花卉。

二、同一花卉在不同生长期对水分的要求

1. 种子萌发时

需要较多的水分，以便透入种皮，有利于胚根的抽出，并供给种胚必要的水分。

2. 种子萌发后

在幼苗状态时期因根系弱小，在土壤中分布较浅，抗旱力极弱，必须经常保持湿润。

3. 生长期

抗旱能力较强，但若要生长旺盛，也需给予适当的水分。此期间一般要求湿润的空气，但空气湿度过大时，植株易徒长。

4. 开花结实期

要求空气湿度小，否则会影响开花或花粉自花药中散出，导致授粉作用减弱。

5. 种子成熟期

要求空气干燥。

三、水分对花卉生长的影响

1. 水分对引种的影响

一些湿生植物、附生植物、蕨类植物、苔藓植物、气生兰等，或附生于树干、枝条上，或生长于岩壁上、石缝中，吸收湿润的云雾中的水分赖以生存，当把它们向山下低海拔处引种时，其成活率与空气湿度有很大关系，应保持一定的空气湿度，不然极易死亡。

2. 水分对花芽分化及花色的影响

控制对花卉的水分供给，可达到控制营养生长、促进花芽分化的作用，如对于球根花卉来说，凡球根含水量少，则花芽分化较早。

花色正常的色彩需要适当的湿度，一般在水分缺乏时色素形成较多，花色变浓。

3. 水分对生长的影响

在花卉的栽植过程中，过湿或过干都对其生长不利。

A. 水分不足：植株呈现萎蔫现象，叶片及叶柄皱缩下垂，特别是一些叶片较薄的花卉更易受害。中午由于叶面蒸发量大于根的吸收量，常呈现暂时的萎蔫现象，此时可放于低温、弱光、通风的环境中，就能较快恢复过来；若不迅速采取补救措施，使之长期处于萎蔫状态，老叶及下部叶子就会先脱落死亡。多数草花在干旱时虽没有明显的萎蔫现象，但植株各部分由于木质化的增加，常使其表面粗糙而失去叶子的鲜绿色泽。

B. 水分过多：由于水分过多使一部分根系遭受损伤，同时土壤中缺乏空气，植株吸水减少而呈现生长不正常的的干旱状态。水分过多还可导致叶色发黄或植株徒长，易倒伏，易受病菌侵害。

第四节　土壤影响

一、土壤性状与花卉的关系

土壤是植物生长的主要基地之一。它能不断地提供植物生长发育所需要的空气、水分和营养元素，所以土壤的理化性质及肥力状况对植物有重要意义。土壤性状主要由土壤矿物质、土壤有机质、土壤温度、水分及土壤微生物、土壤酸碱度等因素所决定。

1. 土壤矿物质

土壤矿物质为土壤组成的最基本物质，其含量不同、颗粒大小不同所组成的土壤质地也不同。通常按照矿物质颗粒粒径的大小将土壤分为以下三类：

A. 砂土类：土粒间隙大，通透性强、排水良好，但保水性差；土温易升易降，昼夜温差大；有机质含量少，肥劲强但肥力短。通常作培养土的配置成分和改良黏土的成分，也作为扦插用土或用于栽培幼苗和耐干旱的花卉。

B. 黏土类：土粒间隙小，通透性差，排水不良但保水性强；含矿物质元素和有机质较多，保肥性强且肥力也长；土温昼夜温差小，尤其是早春土温上升慢，对幼苗不利；除少数喜黏性土壤的种类以外，对大多数花卉的生长不利，常与其它土壤配合使用。

C. 壤土类：土粒大小居中，性状居于二者之间，通透性好，保水保肥力强，有机质含量多，土温比较稳定，对花卉生长比较有利，适应大多数花卉种类的要求。

2. 土壤有机物

是土壤养分的主要来源，在土壤微生物的作用下，分解释放出植物生长所需要的多种大量元素和微量元素，所以有机质含量高的土壤，不仅肥力充分，而且土壤理化性质也好，有利于花卉生长。

3. 土壤空气、温度和水分

土壤空气、温度和水分直接影响花卉的生长和发育，如根系的呼吸、养分的吸收、生理生化活动的进行，以及土壤中一些物质的转换等都与这些因子有密切关系。

4. 土壤酸碱度

由于酸碱度与土壤理化性质和微生物活动有关，所以土壤有机质和矿质元素的分解和利用，也与土壤酸碱度密切相关。土壤反应有3种情况：酸性、中性和碱性。过强的酸性或碱性对花卉的生长都不利，甚至因无法适应而死亡。各种花卉对土壤酸碱度的适宜能力有较大差异，大多数露地花卉要求中性土壤，少数花卉可适应强酸性(pH值4.5~5.5)或碱性(pH值7.5~8.0)土壤，温室花卉几乎全部种类都要求酸性或弱酸性土壤。

土壤酸碱度对某些花卉的花色变化有重要影响。如八仙花的花色变化即由土壤pH值的变化而引起，pH值低，花色呈现蓝色，而pH值高则呈粉红色。

二、各类花卉对土壤的要求

花卉的种类极为繁多，其生长和发育各要求最适宜的土壤条件，而同一种花卉的不同发育时期对于土壤的要求也有差异。

1. 露地花卉

一般露地花卉除砂土及重黏土只限于少数种类能生长外，其它土质均适宜生长。

A. 一、二年生花卉：在排水良好的砂质壤土、壤土及黏质壤土上均可生长良好，重黏土及过度轻松的土壤上生长不良；适宜的土壤是表土深厚、地下水位较高、干湿适中、富含有机质的土壤。

B. 宿根花卉：根系强大，入土较深，应有40~50cm的土层；栽植时应施入大量有机肥料，以维持长期的良好土壤结构。一般在幼苗期喜腐殖质丰富的轻松土壤，在第二年以后以黏质壤土为佳。当土壤下层土中混有沙砾，排水良好，而表土为富含腐殖质的黏性壤土时，花朵开得更大。

C. 球根花卉：对土壤要求严格，一般以富含腐殖质和排水良好的砂质壤土或壤土为宜，最为理想的是下层为排水良好的砂砾土，而表土为深厚的砂质壤土。水仙、晚香玉、风信子、百合、石蒜及郁金香等以黏质壤土为宜。

2. 温室花卉

温室盆栽花卉通常局限于花盆或栽培床中生长，所用盆土容量有限，因此必须是营养丰富、物理性质良好的土壤，才能满足其生长和发育的要求，所以温室花卉需用特制培养土来栽培。培养土的最大特点是富含腐殖质。由于大量腐殖质的存在，土壤松软、空气流通、排水良好，能长久保持土壤的湿润状态，不易干燥；丰富的营养可充分供给花卉的需求，促进盆花的生长和发育。

A. 一、二年生花卉：所用培养土腐殖质含量宜较多；在数次移植时，幼苗初期所用培养土中腐叶土含量要更多，在培养土中约占 5 份，园土 3.5 份，河沙 1.5 份。定植时腐叶土的含量约为 2 ~ 3 份，壤土占 5 ~ 6 份，河沙占 1 ~ 2 份。

B. 宿根花卉：对腐叶土的需要量较少，腐叶土的含量约为 2 ~ 3 份，园土占 5 ~ 6 份，河沙占 1 ~ 2 份。

C. 球根花卉：腐叶土的含量宜较多，约为 3 ~ 4 份；实生苗要用更多的腐叶土，约为 5 份。

D. 球根花卉：在播种苗及扦插苗培育期间，要求较多的腐殖质，待植株成长后，腐叶土的含量应减少，河沙应有 1 ~ 2 份。

第五节　营养元素影响

一、花卉对营养因素的要求

1. 大量元素

维持植物正常生活所必需的大量元素，通常认为有 10 种，其中构成有机物的有 4 种：碳、氢、氧、氮；形成灰分的矿物质元素有 6 种：磷、钾、硫、钙、镁、铁。在植物生活中，氢和氧可大量来自于水中，碳素可取自空中，矿物质元素则从土壤中吸收。氮素不是矿物质元素，天然存在于土壤中的数量一般满足不了植物生长所需要。

2. 微量元素

除大量元素外，还有一些植物生活所必需的微量元素，如硼、锰、锌、铜、钼等，在植物体内含量很小，约占植物体重的0.001% ~ 0.0001%。此外，一些超微量元素也是植物所需，如镭、钍、铀等天然放射性元素，对植物生长有促进作用。

二、一些主要元素对花卉生长的作用

1. 氮

氮促进植物的营养生长，增进叶绿素的产生，使花朵增大、种子增多。但如过量会使植物延迟开花，使茎徒长，降低对病害的抵抗力。

A. 一年生花卉：在幼苗期对氮肥的需要量小，随着生长的要求而逐渐增多。

B. 二年生花卉和宿根花卉：在春季生长初期即要求大量氮肥。

C. 观花花卉：只在营养生长阶段需要较多的氮肥，进入生殖阶段后，应控制使用，否则会延迟花期。

D. 观叶花卉：在整个生长期中都需要较多的氮肥，可保持美观的叶丛。

2. 磷

磷能促进种子发芽、提早开花结实；使茎发育坚韧，不易倒伏；能增强根系的发育；能调整氮肥过多时产生的缺点；能增强植株对不良环境及病虫害的抵抗力。因此，花卉在幼苗营养生长阶段需要适量的磷肥，进入开花期后磷肥的需求量更大。

3. 钾

钾能使花卉生长强健，增进茎的坚韧，不易倒伏；促进叶绿素的形成和光合作用进行；能促进根系扩大，对球根花卉的发育有极好的作用；能使花色鲜艳，提高花卉的抗寒、抗旱、抗病虫害能力。但如过量会使植物生长低矮、节间缩短、叶子变黄，继而变为褐色而皱缩，甚至短时间内枯萎。

4. 钙

钙可以被植物直接吸收，用于细胞壁、原生质及蛋白质的形成，使植物组织坚固；可降低土壤酸度，是我国南方酸性土壤地区的重要肥料之一；钙可以改进土壤的物理性质，黏重土施用石灰后变得疏松；钙还可以促进根的发育。

5. 硫

硫为蛋白质成分之一，能促进根系的生长，并与叶绿素的形成有关；可促进土壤中微生物的活动，如豆科根瘤菌的增殖，可以增加土壤中氮的含量。

6. 铁

铁在叶绿素的形成过程中有重要作用，当缺少铁元素时叶绿素不能形成，因而不能制造碳水化合物。

7. 镁

镁在叶绿素的形成过程中是不可缺少的，对磷的可利用性也有很多影响。因此，植物对镁的需求量虽少，也是不可或缺的。

8. 硼

硼能改善氧的供应，促进根系的发育和豆科根瘤的形成；还可促进植物开花结实。

9. 锰

锰对叶绿素的形成和糖类的积累运转有重要作用；对于种子发芽和幼苗的生长及结实都有良好影响。

第六节　气体影响

空气中各种气体对花卉生长有不同的作用，有植物必需的，如氧气，也有各类有害气体严重影响花卉的生长。

一、氧气（O_2）

植物呼吸需要氧气，空气中氧含量约为21％，已足够植物的需要。在一般栽培条件下，出现氧气不足的情况较少。如在土壤过于紧实或表土板结时，会影响气体交换，导致二氧化碳大量聚集在土壤板结层之下，使氧气不足，根系呼吸困难。种子由于氧气不足，会停止发芽甚至死亡。松土能使土壤保持团粒结构，空气可以透过土层，使氧气达到根系供之呼吸，也可使土壤中二氧化碳散出到空气中。

二、二氧化碳(CO_2)

空气中二氧化碳的含量虽然很少，仅有 0.03% 左右，但对植物的影响很大，是植物光合作用的重要物质之一。增加空气中二氧化碳的含量，就会增加光合作用的强度，从而可以增加产量。当空气中二氧化碳的含量比一般含量高出 10~20 倍时，光合作用则有效地增加；但当含量增加到 2%~5% 以上时，会引起光合作用过程的抑制。

三、二氧化硫(SO_2)

二氧化硫主要是由工厂的燃料燃烧而产生的有害气体。当空气中二氧化硫含量增至 0.001% 时，就会使植物受害，而且浓度越高危害越严重。原因是二氧化硫从气孔及水孔侵入叶部组织，使细胞叶绿体破坏，组织脱水并坏死。其表现症状为在叶脉间出现许多褪色斑点，受害严重时，可导致叶脉变为黄褐色或白色。对二氧化硫抗性强的花卉有金鱼草、蜀葵、美人蕉、金盏菊、百日草、玉簪、大丽花、鸡冠花、凤仙花、菊花等。

四、氨(NH_3)

大量施用有机肥或无机肥常会产生氨，而氨含量过多，对花卉生长不利。当空气中含量达到 0.1%~0.6% 时，就会发生叶缘烧伤现象；含量达到 0.7% 时，质壁分离现象减弱；含量达到 4% 时，经过 24 小时植物就会中毒死亡。施用尿素后也会产生氨，因此最好在施后盖土或浇水，以避免发生氨害。

五、氟化氢(HF)

氟化氢是氟化物中毒性最强、排放量最大的一种，主要来源于炼铝厂、磷肥厂等厂矿区。氟化氢首先危害植株的幼芽和幼叶，先使叶尖和叶缘出现淡褐色至暗褐色的病斑，然后向内扩散，随即出现萎蔫现象。氟化氢还能导致植株矮化、早期落叶、落花及不结实。对氟化氢抗性强的花卉有棕榈、大丽花、一品红、天竺葵、万寿菊、秋海棠等；对氟化氢抗性弱的花卉有杜鹃、万年青、郁金香、唐菖蒲等。

六、其他有害气体

其他有害气体有乙烯、乙炔、丙烯、硫化氢、氯化氢、氧化硫、一氧化碳、氯、氰化氢等，多从工厂中排放出来，含量极为稀薄也会对植物造成严重危害。此外，从冶炼厂排放出的烟尘中含有铜、铅、铝、锌等矿石粉末，也会使植物遭受严重损害。这些有害气体和烟尘对人体的伤害更大，因此，在工厂附近应营建防烟林，并选育抗有害气体的树种、花草以及草坪和地被植物，以达到净化空气的目的。

七、敏感植物

各种植物对有害气体的抗性差异很大，对有害气体非常敏感的植物称为敏感植物。在易污染地区应选用敏感植物作为"报警器"，可及时察觉出一些无色无味、人体很难察觉的有害气体，以监测并预报大气污染程度。

常见的敏感指示花卉有：

监测二氧化硫：向日葵、波斯菊、百日草、紫花苜蓿等。

监测氯气：波斯菊、百日草等。

监测氮氧化物：向日葵、秋海棠等。

监测臭氧：丁香、矮牵牛等。

监测大气氟：唐菖蒲、地衣类等。

监测过氧乙酰硝酸脂：矮牵牛、早熟禾等。

第五章　花卉的繁殖和管理

　　花卉繁殖是繁衍花卉后代、保存种质资源的手段，并可为花卉选种、育种提供条件。不同种或品种的花卉有不同的繁殖方法和时期，选用正确的繁殖方法和时期，不仅可以提高繁殖系数，而且可使幼苗生长健壮。

　　花卉的繁殖方法较多，可区分为以下几类：

　　有性繁殖：也称种子繁殖。花卉在营养生长后期转为生殖期，进行花芽分化和花芽发育而开花，经过双受精后，由合子发育成胚，受精的极核发育成胚乳，由珠被发育成种皮，即通过有性过程而形成种子。用种子进行繁殖的过程称为有性繁殖。有性繁殖的优点是繁殖系数大、根系强健；缺点是后代易出现分离现象，可用于花卉选种和育种。

　　无性繁殖：也称营养繁殖，即利用花卉营养体（根、茎、叶、芽）的一部分，进行繁殖而获得新植株的繁殖方法。通常又包括分生、扦插、嫁接、压条等方法。无性繁殖的优点是能保持原有的种质特性，仅有少数花卉的性状传递有变化；缺点是繁殖系数较小，根系不发达且无主根。

　　孢子繁殖：孢子是由蕨类植物孢子体直接产生的，它不经过两性结合，因此与种子的形成有本质的不同。蕨类植物中有不少种类为重要的观叶植物，除采用分株繁殖外，也可采用孢子繁殖。

　　组织培养：把植物体的细胞、组织或器官的一部分，在无菌的条件下接种到一定培养基上，在玻璃容器内进行培养，从而得到新植株的繁殖方法称为组织培养。

第一节 有性繁殖

一、花卉种实分类及发芽条件

1. 花卉种实分类

花卉种实的品种繁多，通常有下述分类法：

A. 按粒径大小分类（以长轴为主）

大粒种实：粒径在 5.0mm 以上，如牵牛、牡丹等。

中粒种实：粒径在 2.0～5.0mm 之间，如紫罗兰、矢车菊等。

小粒种实：粒径在 1.0～2.0mm 以上，如三色堇等。

微粒种实：粒径在 0.9mm 以下，如金鱼草、四季秋海棠等。

B. 按种实形状分类

球形：紫茉莉等。

卵形：金鱼草等。

椭圆形：四季秋海棠。

肾形：鸡冠花等。

另外，还可按色泽分类、按种皮厚度及坚韧度分类等。

2. 花卉种实萌发条件及播种前的处理

播种繁殖多用于一、二年生花卉及一些宿根和球根花卉的杂交育种。花卉的种实多数在适宜的水分、温度和氧气的条件下都能顺利萌发；部分要求光照感应或者打破休眠才能萌发。

A. 水分：花卉种实萌发首先需要吸收充足的水分。种实吸水膨胀后，种皮破裂，呼吸强度增大，各种酶的活性也随之加强；蛋白质及淀粉等贮藏物进行分解、转化，被分解的营养物质输送到胚，使胚开始生长。种实的吸水能力因种实的构造不同而差异较大，胚乳本身含较多水分的种实，萌发时吸水量少；一些种实较干燥，外皮坚硬，萌发时吸水困难，在播种前需进行种皮刻伤；带有绵毛的种实应在播种前去除绵毛，或直接播种在蛭石里，促进吸水，以利萌发。

B. 温度：花卉种实萌发的适宜温度，依种类及原产地的不同而有差异。一般来说，原产热带的花卉需要温度较高，亚热带及温带次之，原产温带北部的花卉需要一定的低温才易萌发。一般来说花卉种实的萌发适温比其生育适温高 3 ~ 5℃。原产温带的一、二年生花卉，萌芽适温为 20 ~ 25℃，适于春播；萌芽适温为 15 ~ 20℃，适于秋播；萌芽适温高达 25 ~ 30℃ 的品种有鸡冠花、半枝莲等。

C. 氧气：是花卉种实萌发的条件之一，供氧不足会妨碍种实的萌发。对于水生花卉来说，种实萌发只需少量的氧气。

D. 光照：大多数花卉种实只需足够的水分、适宜的温度和一定的氧气就可萌发，但也有一部分种实在萌发时必须具备一定的光线，这一类称为好光性种子，如毛地黄、报春花等；而在光照下不能萌发的种子称为嫌光性种子，如雁来红等。

二、花卉种实的寿命及贮藏

1. 影响种子寿命的内在因素

花卉因种类不同，其种皮构造、种实的化学成分不同，寿命长短差别较大。通常情况下，可分为短命种子(1 年左右)、中命种子(2 ~ 3 年)和长命种子(4 ~ 5 年以上)。种皮性质的改变及原生质活力衰退都会影响种子的寿命。完好的种皮能够阻止氧气与水分通过而保持种子的休眠状态。种子原生质活力衰退的原因有酶的变性、贮存物质耗尽、蛋白质凝固、有毒代谢物的积累、胚细胞核变性等。

2. 影响种子寿命的环境条件

A. 湿度：多数草花种子经过充分干燥，贮藏在低温条件下，可以延长寿命，贮藏时相对湿度维持在 30% ~ 60% 为宜；而多数树木类种子在比较干燥的条件下，容易丧失发芽力。

B. 温度：低温可以抑制种子的呼吸作用、延长其寿命。但含水量较多的种子，在低温条件下容易降低发芽率；干燥种子在低温条件下，能较长期地保持活力。多数花卉种子在干燥密封后，置于 1 ~ 5℃ 低温条件下为宜。在高温多湿的条件下贮藏，则发芽力降低，同时由于呼吸强度的增加也会导致蛋白质变性、酶的活性降低。

C. 氧气：氧气可促进种子的呼吸作用，降低氧气含量能延长种子的寿命。将种子贮藏于其它气体中，可以减弱氧的作用。

此外，花卉种实如长期暴露在强烈的日光下，则会影响发芽力及寿命。

3. 种子贮藏方法

A. 干燥贮藏法：耐干燥的一、二年生草花种子，在充分干燥后，放进纸袋或纸箱中保存。

B. 干燥密封法：把上述充分干燥的种子，装入瓶子或罐子等容器中，密封起来放在冷凉处保存。

C. 低温贮藏法：把充分干燥的种子，置于 1～5℃ 低温条件下贮藏。

D. 层积贮藏法：一些花卉的种实，较长期地置于干燥条件下容易丧失发芽力，可采用层积法，即把种子与湿沙交互地作层状堆积。休眠的种子用这种方法处理，可以促进发芽。

E. 水藏法：一些水生花卉的种子，如睡莲、王莲等必须贮藏于水中才能保持其发芽力。

三、播种时期及方法

1. 播种时期

不同花卉的播种期依其耐寒力和越冬温度而定。

一年生花卉耐寒力弱，遇霜即枯死，因此通常在春季晚霜过后播种。我国南方约在 2 月下旬到 3 月上旬，中部地区约在 3 月中旬至下旬，北方约在 4 月上、中旬。为了促使种实提早开花或着花较多，往往在温室、温床或冷床(阳畦)中提早播种育苗。

露地二年生花卉为耐寒性花卉，种子宜在较低温度下发芽，如温度过高，反而不易发芽。二年生花卉秋播适期也因南北地区的不同而异，南方约在 9 月下旬至 10 月上旬，北方约在 8 月底至 9 月初。

宿根花卉的播种期依耐寒力强弱而异。耐寒性宿根花卉春播、夏播或秋播均可，尤以种子成熟后即播为佳；一些要求低温与湿润条件完成休眠的种子，如芍药、飞燕草、鸢尾等必须秋播；不耐寒常绿宿根花卉宜春播，或种子成熟后即播。

温室花卉播种因在温室中进行，受季节性气候条件的影响较小，所以播种期没有严格的季节性限制，通常随所需要的花期而定。大多数种类在春季，即 1~4 月播种；少数在 7~9 月间播种，如瓜叶菊、仙客来、蒲包花等。

2. 播种方法

A. 露地花卉播种繁殖：多数露地花卉均先在露地苗床或室内浅盆中播种育苗，经分苗培养后再定植，此法便于幼苗期间的养护管理。对于某些不宜移植的直根性种类，应采用直播法，以免损伤幼苗的主根，如香豌豆、茑萝、虞美人、花菱草等，这一类花卉如需要提早育苗时，可先播种于小花盆中，成苗后带土球定植于露地，也可用营养钵或纸盆育苗。一般的露地播种方法如下：

①播种床：播种床应选富含腐殖质、轻松而肥沃的沙质壤土，及日光充足、排水良好的地方。

②整地及施肥：播种床的土壤应翻耕 30cm 深，敲碎土块、清除杂物后上层覆盖 12cm 厚的土壤，最好用 1.5cm 孔径的筛子过筛，同时施以腐熟而细碎的堆肥或厩肥做基肥，再将床面耙平耙细。播种时，最好施入一些过磷酸钙，以促进根系强大、幼苗健壮。

③覆土：覆土深度依种子大小而定，通常大粒种子覆土深度为种子厚度的 3 倍左右；小粒种子以不见种子为度。土壤最好用 0.3cm 孔径的筛子过筛。

④播后管理：覆土完毕后，在床面均匀地覆盖一层稻草，然后用细孔喷壶充分喷水。干旱季节时要在播种前充分灌水，待水分渗入土中再播种覆土，以此能较长时间保持湿润状态。雨季应有防雨设施。种子发芽出土时，除去覆盖物，以防幼苗徒长。

B. 温室花卉播种繁殖：温室花卉播种通常在温室中进行，受季节性气候条件的影响较小，播种期没有严格的季节性限制，常随所需花期而定。

①播种用盆及用土：常选用深 10cm 的浅盆，以富含腐殖质的砂土为宜。一般配置比例如下：

细小种子：腐叶土 5、河沙 3、园土 2。

中粒种子：腐叶土 4、河沙 2、园土 4。

大粒种子：腐叶土 5、河沙 1、园土 4。

②播种方法：用碎盆片把盆底排水孔盖上，填入碎盆片或粗沙

砾，为盆深的1/3，其上填入筛出的粗粒培养土，厚约盆深的1/3，最上层为播种用土，厚约盆深的1/3。盆土填入后，用木条将土面压实刮平，使土面距盆沿约1cm。用"盆浸法"将浅盆下部浸入较大的水盆或水池中，使土面位于盆外水面以上，待土壤浸湿后，将盆提出，渗出过多的水分后即可播种。

细小种子宜采用撒播法，播种不可过密，可掺入细沙，与种子一起播入，再用细筛筛过的土覆盖，覆土厚度约为种子大小的2～3倍。覆土后在盆面上覆盖玻璃、报纸等，以减少水分的蒸发。多数种子宜在暗处发芽，而好光性种子则用玻璃覆盖。

蕨类植物孢子的播种，常用双盆法。即把孢子播在小盆中，再把小盆置于大盆内的湿润水苔中，小盆可借助盆壁吸取水苔中的水分，利于孢子萌发。

③播后管理：播后应注意保持盆土的湿润，干燥时用盆浸法给水。幼苗出土后逐渐移于日光照射充足之处。

第二节　无性繁殖

一、分生繁殖

分生繁殖是植物营养繁殖方法之一，是人为地将植物体分生出来的幼植物体（如吸芽、珠芽等），或植物营养器官的一部分（如走茎及变态茎等）与母株分离或分割，另行栽植而形成独立生活的新植株的繁殖方法。一些植物本身就具有自然分生能力，并借以繁衍后代，而且新植株能保持母株的遗传性状。分生繁殖方法简便，容易成活，成苗较快，缺点是繁殖系数低于播种繁殖。

利用植物体不同部位的营养器官进行的分生繁殖有以下几种：

1. 分株

将根际或地下茎发生的萌蘖切下栽植，使其形成独立的植株，如玉簪、萱草、春兰等。

2. 吸芽

吸芽指某些植物根际或地上茎叶腋间自然发生的短缩、肥厚呈莲座状的短枝。吸芽的下部可自然生根，因此可以自母株分离而另行栽植。芦荟、景天等在根际处常着生吸芽，凤梨则在地上茎叶腋间着生吸芽。

3. 珠芽

珠芽指某些植物所具有的特殊形式的芽，生于叶腋（如卷丹）或花序中（如观赏葱），呈鳞茎状或块茎状。珠芽脱离母株后自然落地即可生根。

4. 走茎

走茎指植物自叶丛抽生出来的节间较长的茎，节上着生叶、花和不定根，也能产生幼小植株，分离后可产生新植株。如吊兰、虎耳草等都可用走茎进行繁殖。

5. 根茎

一些多年生花卉的地下茎肥大呈粗而长的根状，并贮藏营养物质。根茎与地上茎在结构上相似，具有节、节间、退化鳞叶、顶芽和腋芽。节上常形成不定根，并发生侧芽而分枝，继而形成新的植株。当它继续生长时，后部则逐渐死亡。用根茎繁殖时，上面应有2~3个芽才易成活，如香蒲、美人蕉、紫菀等。

6. 球茎

球茎是植物的地下变态茎，短缩肥厚近球状，贮存营养物质，球茎上有节、退化叶片及侧芽。老球茎萌发后在基部形成新球，新球旁常生子球。新、老球茎演替规律依不同植物而有差别。球茎可供繁殖用，或分切数块，每块具有芽，即可另行栽植。生产中通常将母球产生的新球和小球分离另行栽植，如慈姑、唐菖蒲等。

7. 鳞茎

鳞茎是植物的地下变态茎，有短缩而扁盘状的鳞茎盘，肥厚多汁的鳞叶就着生在鳞茎盘上，鳞茎中贮藏丰富的有机物质和水分，借以度过不利的气候条件。鳞茎外面有干皮或膜质皮包被的叫有皮鳞茎，如风信子、郁金香等；无包被的叫无皮鳞茎，如百合等。鳞茎之顶芽常抽生真叶和花序；鳞叶之间可发生腋芽，每年可从腋芽中形成一个至数个子鳞茎并从老鳞茎旁分离开。

8. 块茎

块茎是多年生花卉的地下变态茎，外形不一，多近于块状，贮藏一定的营养物质借以度过不利的气候条件。根系自块茎底部发生，块茎顶端通常具有几个发芽点，块茎表面也分布一些芽眼可生侧芽。如马铃薯多用分切块茎进行繁殖。

二、扦插繁殖

扦插繁殖指利用植物营养器官具有再生能力，能发生不定芽或不定根的习性，切取其茎、叶、根的一部分，插入沙或其它基质中，使其生根或发芽成为新植株的繁殖方法。扦插繁殖的优点是植株比播种苗生长快、开花时间早，短时间内可育成多数较大的幼苗，并能保持原有品种的特性，多用于不易产生种子的花卉种类；缺点是扦插苗无主根，根系较播种苗弱，常为浅根。

1. 扦插的种类及方法

依据选取植物器官的不同、插穗成熟度的不一而将扦插分为以下几类：

A. 叶插：用于能自叶上发生不定芽及不定根的种类。凡能够进行叶插的花卉，大都具有粗壮的叶柄、叶脉或肥厚的叶片。叶插必须选取发育充实的叶片，在设备良好的繁殖床内进行，以维持适宜的温度和湿度，才能得到良好的结果。

①全叶插：以完整叶片为插穗。依扦插位置分为两种。

平置法：切去叶柄，将叶片平铺沙面上，以铁针或针固定于沙面上，可从叶缘处、叶片基部或叶脉处产生植株。

直插法：也称叶柄插法，将叶柄插入沙中，叶片立于沙面上，叶柄基部就可发生不定芽。

②片叶插：将一个叶片分切为数块，分别进行扦插，使每块叶片上形成不定芽。

B. 茎插：露地扦插繁殖量大，依据季节和种类的不同，可以覆盖塑料棚保湿或阴棚遮光，以利成活。少量繁殖时或寒冷季节也可以在室内进行扣瓶扦插、大盆密插及暗瓶水插等方法。

①芽叶插：插穗仅有一芽附一叶片，芽下部带有盾形茎部一片，

或一小段茎，然后插入沙床中，仅露芽尖即可。插后最好覆盖玻璃，防止水分过量蒸发。叶插不易产生不定芽的种类宜用此法，如桂花、橡皮树、山茶花、天竺葵、八仙花等。

②软材扦插(生长期扦插)：选取枝梢部分为插穗，长度依花卉种类、节间长度及组织软硬而异，通常5~10cm长。组织以老熟适中为宜，过于柔嫩易腐烂，过老则生根缓慢。选取生长强健及年龄较幼的母本枝条，可提高生根率。软材扦插必须保留一部分叶片，若摘除全部叶片则难以生根。对于叶片较大的种类，可剪掉一部分叶片以避免水分蒸发较多，而切口位置宜靠近节下方，切口要求平整、光滑。多汁类应在切口干燥后扦插，多浆植物要使切口干燥半日至数日后扦插，防止腐烂。多数花卉宜在扦插之前剪取插条，以提高成活率。

③半软材扦插：木本花卉常采用半软材扦插。插穗应选取较充实的部分，如枝梢过嫩，则剪去，保留下段枝条备用，如月季等。

④硬材扦插(休眠期扦插)：多用于园林树木育苗。

C. 根插：一些宿根花卉能从根上产生不定芽形成幼株，可采用根插繁殖。采用根插的花卉要具有粗壮的根，粗度不小于2cm，同种花卉，较粗较长者含营养物质多，也易成活。晚秋或早春均可进行根插，也可以在秋季挖出母株，贮藏根系过冬，至来年春季扦插。冬季可在温室或温床内进行。

2. 扦插时期

扦插时期以生长期为主，在温室条件下，因全年保持生长状态，可随时进行。因花卉种类的不同，各有最合适的时期。

一些宿根花卉的茎插时期，从春季发芽后至秋季生长停止前均可进行。在露地苗床或冷床中进行时，最适时期约在夏季7~8月雨季期间。

多数木本花卉宜在雨季扦插，此时空气湿度大，插条叶片不易萎焉，有利于成活。

多年生花卉作一、二年生栽培时，为保留优良品种的性状，也可采用扦插繁殖，如一串红、三色堇、美女樱、金鱼草、藿香蓟等。

3. 扦插生根的环境条件

A. 温度：花卉扦插适宜温度大致与其发芽温度相同，气温低则抑制枝叶的生长。多数花卉的软材扦插宜在 20～25℃ 之间进行；热带植物可在 25～30℃ 以上；耐寒性花卉可稍低。基质温度（底温）需稍高于气温 3～6℃，因底温高于气温时，可促使根的发生。

B. 湿度：插穗在湿润的基质中才能生根。基质中适宜水分的含量，依花卉种类不同而异，一般以 50%～60% 的土壤含水量为宜，水分过多会导致插穗腐烂。扦插初期，水分较多则愈合组织易于形成；愈合组织形成后，应减少水分。为避免插穗枝叶中水分的蒸腾，要求保持较高的空气湿度，一般以 80%～90% 的相对湿度为宜。

C. 光照：软材扦插一般都带有顶芽和叶片，并在日光下进行光合作用，从而产生生长素以促进生根。过于强烈的日光也对插穗成活不利，因此在扦插初期应给予适度的遮阴。一些试验证明，夜间增加光照有利于插穗成活，可在扦插床上面装置日光灯，以增加夜间照明。

D. 氧气：当愈合组织及新根发生时，呼吸作用增强，因此要求扦插基质具备供养的有利条件。理想的扦插基质既能经常保持湿润，又可做到通气良好，因此宜选用河沙、泥炭及其它轻松土壤。扦插不宜过深，否则因氧气少而影响生根。

4. 促进插穗生根的方法

A. 药剂处理法：在生产中常用植物生长素（激素）进行处理，对茎插有显著作用，但对根插及叶插效果不明显，处理后常抑制不定芽的发生。生长素常用的有吲哚乙酸、吲哚丁酸和萘乙酸三类，应用方法有粉剂处理、液剂处理、脂剂处理、对采条母株的喷射或注射以及扦插基质的处理等。

B. 物理处理法：物理处理方法很多，有电流处理、超声波处理、增加底温、环状剥皮、软化处理、热水处理、低温处理等。

三、嫁接繁殖

嫁接是指把植物体的一部分（接穗）嫁接到另外一植物体上，其组织相互愈合后，培养成独立个体的繁殖方法。砧木吸收的养分及水分输送给接穗，接穗又把同化后的物质输送到砧木，形成共生关系。砧木的选择应注意适应性及抗性，同时又能调节树势。嫁接多用于扦插难以生根或难以得到种子的花木类。同实生苗相比，采用嫁接方法培育的苗木可提早开花，并能保持接穗的优良品质，因此又是品种复壮、枝条损伤个体的一个补充繁殖法。

四、压条繁殖

压条法是将接近地面的枝条，在其基部堆土或将其下部压入土中。较高的枝条则采用高压法，即以湿润土壤或青苔包围枝条被切伤部分，给予生根的环境条件，待生根后剪离，重新栽植成独立的新株。压条繁殖的优点是易成活、能保持原有品种的特性，能解决其它方法不容易繁殖的种类。

压条生根所需的时间，依花卉品种而异。草本花卉易生根，花木类生根时间较长，从几十天到一年不等；一年生枝条较老枝容易生根。当根系充分地自切伤处发生后，即可自生根部下面与母本剪离重新栽植，然后置于背阴处，利于生长。

五、组织培养

组织培养就是从多细胞生物个体上，取其细胞、组织或器官，接种到特制的培养基上（或特定的条件下），在无菌条件下，利用玻璃容器进行培养，使其形成新的个体的技术。

1. 在花卉育种上的应用

A. 胚、胚珠、子房培养：统称胚培养，其目的是解决种间、属间等远缘杂交中杂种胚停止发育的一种手段。

B. 试管内受精：在杂交育种过程中，常常由于柱头、花柱的缘故而影响花粉的萌发及花粉管的伸长，致使亲和性减退。此时可把未受精的胚珠置于培养基上，在上面散布花粉而使其受精成活。

C. 用花药、花粉培养成单倍体植物：用花药培养成功的诱导花粉起源的单倍体植物已近 50 种以上。单倍体植物用秋水仙碱等使染色体成倍增加，就能在短时期内育成遗传变异固定的纯系，有利于缩短花卉育种的年限。

D. 原生质融合产生体细胞杂种：用酵素去除细胞壁，单独培养细胞原生质，也可使细胞壁再生。在特定的条件下，裸露的原生质可与其它原生质融合。融合的原生质还能再形成细胞壁，这种融合细胞进行分裂和增殖后，诱导形成的新植物体就是体细胞杂种，用这种方法可以得到有性生殖不能获得的种间杂种或属间杂种。

2. 无病毒(脱毒)植物体培养

在染病植物体上，由于植物的不同年龄、不同部位，染病的程度有较大差异，通常茎及根尖分生组织侵入的病毒较少。目前，已有不少采用营养繁殖的花卉，用茎尖培养法育出了无病毒植株。

3. 加速营养繁殖

组织培养法可以利用植物激素来控制再分化过程及再分化的数量，从而提高营养繁殖系数。

4. 营养体冻结贮藏

种子贮藏，为了较长期地保存营养繁殖植物的种质资源，必须不断地反复种植，既占用土地又浪费人工。可将某些花卉的细胞、组织、花药、子房等用 -196℃液态氮进行冻结贮藏，需要繁殖的时候将它取出，经过组织培养法再生出个体。这种营养繁殖植物的营养体能够同种子一样较长期地保存下来。

第三节　栽培管理

一、露地花卉的栽培管理

1. 整地作畦

A. 整地：在露地花卉播种或移植以前，选择光照充足、土地肥沃平整、水源方便和排水良好的土地进行整地。整地的质量与花卉生长发育有很大关系，可以改进土壤物理性质，使水分空气流通良好，种子发芽顺利，根系易于伸展；土壤松软有利于土壤水分的保持，不易干燥，可以促进土壤风化和有益生物的活动，有利于可溶性养分含量的增加。通过整地可将土壤病菌、害虫等翻于表层，暴露于空气中，经日光与严寒等进行灭杀，可预防病虫害的发生。一般在秋天耕地，到春季再行整地作畦。

整地深度根据花卉种类及土壤情况而定。一、二年生花卉宜浅，宿根和球根花卉宜深。深耕可使松软土层加厚，利于根系生长，使吸收养分的范围扩大，易于保持土壤水分。深耕应逐年加深，不宜一次骤然加深，否则心土与表土相混，对植物生长不利。一、二年生花卉生长期短，根系入土不深，宜浅耕，深 20～30cm。整地深度也因土壤质地不同而有差异，砂土宜浅、黏土宜深。新开垦的土地必须于秋季进行深耕，并施入大量有机质肥料，以改良土质。

整地应先翻起土壤、细碎土块，并清除石块、瓦片、植物的残根断茎及杂草等，以利于种子的发芽及根系生长。土壤经翻耕后，若过于松软，则破坏了土壤的毛细管作用，使根系吸水困难，此时必须给以适度镇压。

整地应在土壤干湿适度时进行。过干整地时土块不易击碎，费工费力；过湿则破坏土壤团粒结构，使其物理性质恶化，形成硬块，此种情况尤以黏土为甚。

花坛土壤的整地除按上述要求进行外，如土壤过于瘠薄或土质不良，可将上层 20～40cm 的土壤，换成新土或培养土。

B. 作畦：花卉栽培皆用畦栽方式。依地区和地势的不同而异，常用高畦与低畦两种方式。高畦多用于南方多雨地区及低湿之处，其畦面高出地面，便于排水，畦面两侧为排水沟，有扩大与空气的接触面积及促进风化的效果。畦面的高度依排水需要而定，通常多为 20～30cm。低畦多用于北方干旱地区，畦面两侧有畦埂，以保留雨水及便于灌溉。

畦面一般宽为 100cm，除种子撒播外，畦面定植或点播通常为 2～4 行，与畦的长边平行。植株较大的种类如菊花、大丽花等为 2 行；植株较小的如金盏菊、紫罗兰等为 3 行；三色堇与福禄考等可栽 4 行。植株很大的种类如芍药等畦宽可为 70～80cm，栽植 1 行。

北方低畦灌溉均采用畦面浸灌的方法，因此畦面必须整平，坚实一致，顺水源方向微有坡度，以使水流通畅，均匀布满畦面；如畦面不平，则低处积水，高处仍干，灌溉不均。近年来采用喷灌或滴灌方法者日多，对畦面平整度要求不严；喷灌及滴灌既可节省用水，又可保持土壤良好的物理性能。

2. 繁殖

露地花卉依种类不同，繁殖方法各异。如一、二年生花卉多用播种法繁殖；宿根花卉除播种外，常用分株或扦插、压条、嫁接等方法繁殖；球根花卉主要采用分球法繁殖。繁殖季节大体分春秋二季。

3. 间苗

间苗又称"疏苗"。在播种出苗后，幼苗拥挤，予以疏拔，以扩大幼苗的营养面积，即扩大其间距，使幼苗间空气流通，日照充足，生长苗壮。若不及时间苗，不仅幼苗生长柔弱，而且容易引起病虫害。间苗还有选优去劣的作用，即选留强健苗，拔去生长柔弱、徒长或畸形苗；还可除去混杂其间的其它品种的幼苗；间苗的同时还可进行除草。

间苗通常在子叶发生后进行，不可过迟，否则苗株拥挤引起徒长，则不能育出壮苗。间苗应分数次进行。间拔的苗若是易于移植成活的种类，仍可栽植。最后 1 次间苗称为"定苗"。

间苗常用于直播的一、二年生花卉，以及不适用于移植而必须直播的种类。

4. 移植

露地花卉，除去不宜移植而进行直播的花卉外，大都是先在苗床内育苗，经分苗和移植后，最后定植于花坛或花圃中。

A. 移植的主要作用：

①苗床中幼苗借移植以加大株间距离，即扩大幼苗的营养面积，增加日照、流通空气，使幼苗生长强健。

②移植时切断主根，可促使侧根发生，再移植时比较容易恢复生长。

③移植有抵制徒长的效果，使幼苗生长充实、株丛紧密。

5. 灌溉

露地花卉虽然可以从天然降雨获得所需要的水分，但由于天然降雨的不均匀，远不能满足花卉生长的需要，特别是干旱缺雨季节，对花卉健壮的生长有很大的影响，因此灌溉工作是花卉栽培过程中的重要环节。降雨较多而分布比较均匀的地区，可以减少灌溉，但应作好随时灌溉的准备。在花卉生长期间，一旦缺水即会影响以后的生长，严重者甚至造成死亡。

A. 灌溉种类：灌溉的方法可分为地面灌溉、地下灌溉、喷灌及滴灌 4 种。

①地面灌溉：地面灌溉方法依地区的不同、规模的大小及生产设备情况而定，有畦灌、小面积水管灌溉等。

②地下灌溉：将素烧的瓦管埋在地下，水经过瓦管时，从管壁渗入土壤中，使土壤湿润。此法优点甚多，可以不断地给根系适量的水分，有利于花卉的生长；水流不经过土面，不会使土面板结，表面干土可以阻止水分的蒸发，能节省用水。但此法需要有足够水量不断供给，才能发挥其优点，在土质过于疏松或心土有不透水层时，不能采用此法。缺点是管道造价高，易淤塞，表层土壤不太湿润。

③喷灌：喷灌是依靠机械力将水压向水管，喷头接于水管上，水自喷头喷成细小的雨滴进行灌溉。本法与地面灌溉相比，省水、省工、不占地面，还能保水、保肥，地面不板结，防止土壤碱化，提高水的利用率。在冬季要灌溉的地区，喷灌比畦灌的土温为高；在干热的季节，喷灌又可显著增加空气湿度，降低温度，改善小气候。喷灌的缺点是设备投资较大。

④滴灌：滴灌是利用低压管道系统，使浇灌水成点滴状，缓慢而经常不断地浸润植株根系附近的土壤。滴灌在必要时可分别给予不同的灌水量，因此能极大地节省用水。使用滴灌时，株行间土面仍为干燥状态，因此可抑制杂草生长、减少除草用工和除草剂的消耗。滴灌的缺点是投资大，管道和滴头容易堵塞，在接近冻结气温时就不能使用。

B. 灌溉用水：灌溉用水以软水为宜，避免使用硬水，最好用河水，其次是池塘水和湖水，不含碱质的井水亦可利用。工业废水常有污染，对植物有害，不可使用。井水温度较低，对植物根系发育不利，如能先一日抽出井水贮于池内，待水温升高后使用，就比较好。河沟的水富含养分，水温亦较高，适于灌溉。

　　C. 灌溉的次数及时间：露地播种的花卉，因苗株过小，宜用细孔喷壶喷水，以免水力过大将小苗冲倒，土面泥土也不致冲出而沾污叶片。幼苗移植后的灌溉对成活关系甚大，因为幼苗移植后根系尚未与土壤充分密接，移植又使一部分根系受到损伤，吸水力减弱，此时如不及时灌水，幼苗因干旱会使生长受到阻碍，甚至死亡。灌水量及灌水次数，常依季节、土质及花卉的种类不同而异。夏季及春季干旱时期，应有较多次的灌水；一、二年生花卉及球根花卉容易干旱，灌溉次数应较宿根花卉为多；轻松土质如砂土及砂质壤土的灌溉次数，应比其它较为黏重的土质为多。

　　灌水时间因季节而异。夏季灌溉应在清晨和傍晚时进行，这个时间水温与土温相差较小，不至于影响根系的活动。傍晚灌溉更好，因夜间水分下渗到土层中去，可以避免日间水分的迅速蒸发。冬季灌溉应在中午前后进行，因为冬季晨夕气温较低。

　　6. 施肥

　　A. 肥料的种类及施用量：花卉栽培常用的肥料种类及施用量依土质、土壤肥分、前作情况、气候、雨量以及花卉种类的不同而异。

　　花卉的施肥不宜单独施用只含某一种肥分的单纯肥料，氮、磷、钾 3 种营养成分，应配合使用，只是在确知特别缺少某一肥分时，才可施用单纯肥料。

　　B. 施肥的方法：花卉的施肥，可分基肥和追肥两大类。

　　①基肥：一般常以厩肥、堆肥、油饼和粪干等有机肥料作基肥，这对改进土壤的物理性质有重要的作用。

　　②追肥：在花卉栽培中，为补充基肥的不足，满足花卉不同生长发育时期对营养成分的需求要进行追肥。一、二年生花卉在幼苗时期的追肥，主要目的是促进其茎叶的生长，氮肥成分可稍多一些，但在以后生长期间，磷钾肥料应逐渐增加，生长期长的花卉，追肥次数应较多。追肥除常用粪干、粪水及豆饼外，亦可施用化学肥料，各种肥分和施肥量的配合，依花卉种类不同而异。

　　追肥的施用方法依肥料种类及植株生长情况而定。植株较大、株距较远，可施用粪干或豆饼，采用沟施或穴施；施用人粪尿或化学肥料时，常随水冲施；化学肥料也可按株点施，或按行条施，施后灌水。

7. 中耕除草

A. 中耕：中耕能疏松表土，减少水分的蒸发，增加土温，促进土壤内的空气流通以及土壤中有益微生物的繁殖和活动，从而促进土壤养分的分解，为花卉根系的生长和养分的吸收创造良好的条件。通常在中耕的同时除去杂草。中耕深度依花卉根系的深浅及生长时期而定。根系分布较浅的花卉应浅耕。反之，中耕可较深。幼苗期中耕宜浅，以后随苗株生产逐渐加深。植株长成后由浅耕到完全停止中耕。中耕时株行中间处应深，近植株处应浅，中耕深度一般为 3~5cm。

B. 除草：除草可以保存土壤中的养分及水分，有利于植株的生长发育。除草的要点有：

①除草应在杂草发生之初尽早进行。因为此时杂草根系较浅，入土不深，易于去除，否则日后清除费力。

②杂草开花结实之前必须除清，否则 1 次结实后，就需多次除草，甚至数年后始能清除。

③多年生杂草必须将其地下部分全部掘出，否则，地上部分不论刈除多少，地下部分仍能萌发，难以全部清除。

8. 整形与修剪

A. 整形：露地花卉的整形有单干式、多干式、丛生式、悬崖式、攀援式、匍匐式等。

B. 修剪：主要包括摘心、除芽、折梢及捻梢、曲枝、去蕾、修枝等技术措施。

9. 防寒越冬

我国北方严寒季节，对于露地栽培的二年生花卉及不耐寒多年生花卉(宿根及球根)必须进行防寒，以免除冬季过度低温的危害。由于各地区的气候不同，采用的防寒方法亦不同。常见应用的主要方法有下面几种：覆盖法、培土法、熏烟法、灌水法、浅耕法、密植等。

二、一、二年生花卉的栽培管理

在露地花卉中，一、二年生花卉对栽培管理条件要求比较严格。在花圃中要占用土壤、灌溉和管理条件最优越的地段。通常在土地封冻以前翻耕土地，豫北地区多在 11 月中上旬。耕后经冬季低温可消灭部分病虫和保蓄地下水分。亦可春耕，但要在早春土地解冻后开始，翻耕过的土地，春天要及时按整地要求平整好、划分排灌系统、作畦。

三、宿根花卉的栽培管理

宿根花卉生长强健，根系较一、二年生花卉强大，入土较深，抗旱及适应不良环境的能力强，一次栽植后可多年持续开花。在栽植时应深翻土壤，并大量施入有机质肥料，以维持较长时期的良好土壤结构。宿根花卉须排水良好的土壤，此外，宿根花卉幼苗与成长植株对土壤的要求也有差异，一般在幼苗期间喜腐殖质丰富的轻松土壤，而在第二年以后则以黏质土壤为佳。

宿根花卉在育苗期间应加强灌水、施肥、中耕除草等养护管理措施，但在定植后，一般管理比较简单。为使其生长茂盛、花多、花大，最好在春季新芽抽出时施以追肥，花前和花后再各追肥一次。秋季叶枯时，可在植株四周施以腐熟的厩肥或堆肥。

四、球根花卉的栽培管理

栽培条件的好坏，对于球根花卉新球的生长发育和第二年开花有很大影响，因此对整地、施肥、松土等工作均须加强。其栽培管理要点有以下几项：

①球根栽植时应分离侧面的小球，另行栽植，以免分散养分而开花不良。

②球根花卉的多数种类，其吸收根少而脆嫩，碰断后不能再生新根，故而球根一经栽植后，在生长期不可移植。

③球根花卉大多叶片甚少或有定数，栽培中应注意保护，避免损伤，否则影响养分的合成，不利于开花和新球的成长，也影响观

赏效果。

④切花栽培时，在满足切花长度要求的前提下，剪取时应尽量多保留植株的叶片。

⑤花后应及时剪除残花不使其结实，以减少养分的耗损，有利新球的充实。作为球根生产栽培时，通常见花蕾发生时，及时除去，不令开花。对枝叶稀少的球根花卉，花梗常予保留，因其尚可合成一些养分，供新球生长之需。

⑥花后正值地下新球膨大充实之际，须加强水肥管理。

五、水生花卉的栽培管理

水生花卉多采用分生繁殖，有时也采用播种法。分株一般在春季萌芽前进行，适应性强的种类，初夏阶段还可分栽，方法与宿根花卉类似。播种法应用较少，大多数水生花卉种子干燥后即丧失发芽能力，成熟后应立即播种，或于水中贮藏。水生鸢尾类、荷花及香蒲等少数种类，其种实可以干藏。栽植水生花卉的池塘，最好选用池底有丰富的腐草烂叶沉积，并为黏质土壤者。新挖掘的池塘常因缺乏有机质，栽植时必须施入大量的肥料，如堆肥、厩肥等。盆栽用土应以塘泥等富含腐殖质的黏质土为宜。

①耐寒的水生花卉：直接栽在深浅合适的水边和池中时，冬季不需保护。休眠期间对水的深浅要求不严。

②半耐寒的水生花卉：栽在池中时，应在初冬结冰前提高水位，使根丛位于冰冻层以下，即可安全越冬。少量栽植时，也可掘起贮藏，或春季用缸栽植，沉入池中，秋末连缸取出，倒除积水，冬天保持土壤不干，放在没有冰冻之处即可。

③不耐寒的水生花卉：此种类通常采取盆栽方式，将盆沉到池中布置，也可直接栽于池中，秋冬掘起贮藏。

六、温室花卉的栽培管理

在温室花卉栽培中，适用的温室，为温室花卉栽培提供了良好的物质环境条件，应根据各类花卉的生态习性，采取相应的栽培管理措施，以达到预期效果。下面仅以温室盆栽花卉为例。

1. 培养土的制造与配制

A. 培养土要求

温室盆栽，盆土容积有限，花卉的根系局限于花盆中，因此要求培养土必须含有足够的营养成分，具有良好的物理性质。在培养土中应含有丰富的腐殖质，这是维持土壤良好结构的重要条件。培养土中含有丰富的腐殖则排水良好，土质松软，空气流通；干燥时土面不开裂，潮湿时不紧密成团，灌水后不板结；腐殖质本身又能吸收大量水分，可以保持盆土较长时间的湿润状态，不易干燥。因此，腐殖质是培养土中重要的组成成分。一般盆栽花卉培养土的要求如下：

①要疏松，空气流通，以满足根系呼吸的需要。

②要水分渗透性能良好，不会积水。

③要能固持水分和养分，不断供应花卉生长发育的需要。

④培养土的酸碱度要适应栽培花卉的生态要求。

⑤不允许有微生物和其它有害物质的滋生和混入。

B. 常见的温室用土种类

①堆肥土：由植物的残枝落叶、旧换盆土、垃圾废物、青草及干枯的植物等，一层一层地堆积起来，经发酵腐熟而成。堆肥土含有较多的腐殖质和矿物质，一般呈中性或微碱性(pH 值 6.5～7.4)。

②腐叶土：是配制培养土应用最广的一种基质，由落叶堆积腐熟而成。秋季收集落叶，以落叶阔叶树最好，而针叶树及常绿阔叶树的叶子，多革质，不易腐烂，需延长堆积时间。

③草皮土：取草地或牧场的上层土壤，厚度为 5～8cm，连草及草根一起掘取，将草根向上堆积起来，经一年腐熟即可应用。草皮土含较多的矿物质，腐殖质含量较少，堆积年数越多，质量越好，因为土中的矿物质能得到较充分的风化。

④针叶土：是由松科、柏科等针叶树的落叶残枝和苔藓类植物堆积腐熟而成。针叶需堆积一年才可应用。

⑤沼泽土：是池沼边缘或干涸沼泽内的上层土壤，一般只取上层约 10cm 厚的土壤。这种沼泽土是水中苔藓及水草等腐熟而成，含大量腐殖质，呈黑色，强酸性(pH 值 3.5～4.0)，宜用于栽培杜鹃

及针叶树等。

⑥泥炭土：是由泥炭藓炭化而成。

2. 盆栽的方法

A. 上盆

上盆是指将苗床中繁殖的幼苗(不论是播种苗或是扦插苗)，栽植到花盆中的操作过程。此外，如把露地栽植的植株移到花盆中去亦称为上盆。

B. 换盆

换盆就是把盆栽的植物换到另一盆中去的操作。换盆有两种不同情况：其一是随着幼苗的生长，根群在盆内土壤中已无再伸展的余地，因此生长受到限制，一部分根系常自排水孔穿出，或露出土面，应及时由小盆换到大盆中，扩大根群的营养容积，利于苗株继续健壮地生长。其二是已经充分成长的植株，不需要更换更大的花盆，只是由于经过多年的养植，原来盆中的土壤，物理性质变劣，养分丧失，或为老根所充满，换盆仅是为了修整根系和更换新的培养土，用盆大小可以不变。

由小盆换到大盆时，应按植株发育的大小逐渐换到较大的盆中，不可换入过大的盆内，因为这样做不仅费工费料成本高，而且水分不易调节，苗株根系通气不良，生长不充实，花蕾形成较迟，着花也较少。

C. 转盆

由于植物具有趋光生长的特性，生长过程中植株会偏向光线投入的方向。为了防止植物偏向一方生长，破坏匀称圆整的株形，应在相隔一定日数后，转换花盆的方向，使植株均匀地生长。

D. 倒盆

为了使花卉产品生长均匀一致，要经常进行倒盆，将生长旺盛的植株移到条件较差的温室部位，而将较差部位的盆花，移到条件较好的部位，以调整其生长。

E. 松盆土(扦盆)

松盆土可以使因不断浇水而板结的土面疏松，空气流通，植株生长良好，同时可以除去土面的青苔和杂草。这是因为青苔的形成影响盆土空气流通，不利于植物生长，而土面为青苔覆盖，难于确定盆土的湿润程度，不便于浇水。松盆土后还对浇水和施肥有利。

F. 施肥

在上盆与换盆时，常施以基肥，生长期间施以追肥。

①有机肥料：有饼肥、人粪尿、牛粪、油渣、米糠、鸡粪、蹄片和羊角等。

②无机肥料：有硫酸铵、过磷酸钙、硫酸钾等。

G. 浇水

花卉生长的好坏，在一定程度上决定于浇水的适宜与否。浇水的关键环节是如何综合自然气象因子、花卉的种类、生长发育状况、生长发育阶段、温室的具体环境条件、花盆大小和培养土成分等各项因素，科学地确定浇水次数、浇水时间和浇水量。

①依据种类：花卉的种类不同，浇水量不同。蕨类植物、兰科植物、秋海棠类植物生长期要求丰富的水分，而多浆植物要求较少水分。

②依据生长期：花卉的不同生长时期，对水分的需要亦不同。当花卉进入休眠期时，浇水量应依各类花卉的不同需求而减少或停止；从休眠期进入生长期，浇水量逐渐增加；生长旺盛时期，浇水量要充足；开花前浇水量应予适当控制，盛花期适当增多；结实期又需要适当减少浇水量。

③依据季节：花卉在不同季节中，对水分的要求差异很大。

④依据花盆大小：花盆的大小及植株大小对盆土的干燥速度有关系。盆小或植株较大者，盆上干燥较快，浇水次数应多些，反之宜少浇。

3. 温室环境的调节

温室环境的调节主要包括温度、日光和湿度三个方面，根据不同花卉的要求和季节的变化来进行，这三方面的调节是相互联系的。

A. 温度

温室温度的高低，主要是加温（包括日光辐射加温和人工加温）、通风和遮阴的综合效果。通常在冬季除了充分利用日光以增加温度外，还需人为加温。但在北方严寒季节，白天也需要加温。春秋二季则视南北地区气候的不同以及花卉种类的不同要求，来决定加温与否。夏季天气炎热，室内温度很高，一般盆花均需移置室外，在阴棚下栽培，只有一部分热带植物和多浆植物留置温室内。

B. 日光

遮阴是调节日光光照强度唯一的方法，兼有调节温度的效果。多浆植物要求充分的日光，不需要遮阴；喜阴花卉如兰花、秋海棠类花卉及蕨类植物等，必须适度遮阴。夏季比冬季要求遮阴时间更长，而且因为夏季光照强度远比冬季大，故遮阴的程度也比冬季要大。

C. 湿度

湿度的调节有增加湿度和降低湿度两个方面。为了满足一般花卉对于湿度的要求，可在室内的地面上、植物台上及盆壁上洒水，以增加水分的蒸发量。温室湿度过大，对花卉生长也不利，可以采取通风的方法来降低湿度。在冬季晴天的中午，适当打开侧窗，使空气流通，但最忌寒冷的空气直接吹向植株。外界空气的湿度同样较高的时候，则需要同时加温又通风。整个夏季必须全部打开天窗及侧窗，以加强通风。通风除可以降低湿度外，还可以降低室内的温度。

第四节　病虫害防治

一、花卉病虫害防治的意义

加强花卉的病虫害防治，可保证各种花卉健康地生长发育，也是提高城乡环境绿化、美化和香化效率的必要措施，因此是花卉栽培不中可忽视的重要问题。

二、花卉病虫害的防治原则

花卉病虫害的防治，首先要了解病虫害的发生原因、侵染循环及其生态环境、危害的时间、部位、危害范围等规律，才能找出较好的防治措施。植物病虫害防治的基本原则是："预防为主，综合防治"。

三、花卉病虫害的防治措施

花卉病虫害的防治方法多种多样，归纳起来可分为：栽培技术措施、物理机械防治、植物检疫、生物防治、化学防治等措施。

1. 花卉栽培技术措施

花卉适宜的栽培技术，不但能创造有利于花卉生长发育的条件，培育出优良的品种增强抗病虫的能力，还能造成不利于病虫生长发育的环境，抑制和消灭病虫害的发生和危害，对某些病虫害有良好的防治效果，是贯彻"预防为主，综合防治"的根本方法。

A. 选用抗病虫的优良品种和秧苗：利用花卉品种间抗病虫害能力的差异，选择或培育适宜当地栽培的抗病虫品种，是防治花卉病虫害经济有效的重要途径。同时在花卉生产中，要选用优良并且不带病虫害的种子、球根、接穗、插条及苗木等繁殖材料，进行播种、育苗和繁殖，也是减少病虫害发生的重要手段。

B. 合理栽培与管理：种植花卉首先要选择条件良好的苗圃地，除考虑花卉生长要求的环境条件外，还要防止病虫害的侵染来源，如一般长期栽培蔬菜及其它作物的土地，积累的病原物及潜存的害虫比较多，这些病虫往往危害花卉，因此不宜作为花圃地。轮作，可以相对减轻一些病虫害，特别对专化性强的病原菌及单食性害虫是一种良好的防治措施。

①精耕细作：病菌、害虫的生长和繁殖对土壤有一定要求，改变土壤条件就能大大影响病菌和害虫的生存条件及发生数量。如深耕翻土，以改变病菌和害虫的生活条件，使其暴露在土壤表层或深埋地下而死亡。中耕除草既可减少蒸发，又可清除潜藏在杂草上的病菌及虫卵。

②合理施肥：能改善花卉的营养条件，使其生长健壮，提高抗病虫害的能力。施肥不当，也会造成一些植物生长不良而易罹患病害。施用未经充分腐熟的有机肥料，常常带有一些病原物和虫卵，易使花卉根部受害。

③合理灌溉及排水：是促进植物生长发育的重要措施，也是防

治病虫害的有效方法。在排水不良的土壤，往往使植物的根部处于缺氧状态，不但对根系生长不利，而且容易使根部腐烂及发生一些根部病害。合理的灌溉对地下害虫，具有驱除和灭杀作用，而排水对喜湿性根病具有显著防治效果。

④注意场圃的清洁卫生：及时清除因病虫危害的枯枝落叶、落花、落果等病株残体，立即烧毁或深埋，以减少病虫害的传播和侵染源。这种简而易行的办法，也是控制病虫害发生的重要手段。

2. 物理及机械方法

目前常应用热处理（如温汤浸种）、超声波、紫外线及各种射线等一些物理、机械方法来防治病虫害。

A. 昆虫趋性：很多夜间活动的昆虫都具有趋光性，可以利用灯光诱杀。如黑光灯可以诱集 700 多种昆虫，尤其对夜蛾类、螟蛾类、毒蛾类、枯叶蛾类有效。应用光电结合的高压网灭虫灯及金属卤化物诱虫灯，其诱虫效果较黑光灯为好。

B. 昆虫潜伏性：利用害虫的潜伏习性，设置害虫的栖息环境，诱集害虫。如苗圃、花圃中堆积新鲜杂草，可诱集蛴螬、地老虎等地下害虫；或用树干束草、包扎麻布片诱集越冬害虫，以及用毒饵诱杀，都是简单易行的方法。

C. 热力处理法：不同种类的病虫害对温度具有一定要求。温度不适宜，影响病虫的代谢活动，从而抑制它们的活动、繁殖及危害，所以，利用调节控制温度可以防治病虫害。

此外，还可用烈日晒种、焚烧、熏土、高温或变温土壤消毒，或用枯枝落叶在苗床焚烧，都可达到防治土壤传播病虫害的效果。近些年来，也利用超声波、各种辐射、紫外线、红外线来防治病虫害。

3. 植物检疫

植物检疫主要是防治某些种子、苗木、球根、插条及植株等传播的病虫害。由于生产及商业贸易和品种交流活动中，往往在国际或国内不同地区造成人为的传播，而引起各种病虫害的侵入、流行。因此，国家专门制定法令，设立专门机构，对引进或输出的植物材料及产品，进行全面的植物检疫，防止某些危险性的病虫害由一个地区传入另一地区。

4. 生物防治及生物工程技术的应用

生物防治是利用自然界生物间的矛盾，应用有益的天敌或微生物及其代谢产物，来防治病虫害的一种方法。利用有益的生物来消除有害的生物，其效果持久，经济安全，避免传染，便于推广，这是目前很重要并且很有发展前途的一种防治方法。

A. 以菌治病：是利用微生物间的颉颃作用及某些微生物的代谢产物，来抑制另一种微生物的生长、发育，甚至致死的方法，这种物质称为抗菌素。

B. 以菌治虫：是对害虫的病原微生物，以人工的方法进行培养，制成粉剂喷撒，使害虫得病致死的一种防治方法。引起害虫得病的病原物有细菌、真菌、病毒等。目前此类方法已为国内外广泛利用，并取得良好的防治效果。

C. 以虫治虫，以鸟治虫：是利用捕食性或寄生性天敌昆虫和益鸟防治害虫的方法。

5. 化学防治法

化学防治法是利用化学药剂防治病虫害的方法。其药效稳定，收效快，应用方便，不受地区和季节的限制。但是实践证明，化学防治也有一些缺点，如使用不当会引起植物药害和人畜中毒，以及由于残留而污染环境，造成公害。虽然在病虫害大片发生时，仍大量采用化学防治，但它只是综合防治中的一个组成部分，化学防治只有与其它防治措施相互配合，才能得到理想的防治效果。

化学药剂，根据它的防治对象和作用，可分为杀虫剂和杀菌剂。

A. 杀虫剂：根据其性质及作用，可分为胃毒剂、触杀剂、熏蒸剂和内吸杀虫剂等。

B. 杀菌剂：根据杀菌剂的作用及性质，一般分为保护剂和内吸（治疗）剂。常用的杀菌剂有：

①波尔多液：波尔多液是一种应用较多的良好的保护剂，在植物表面黏着力强，能形成一层薄膜，可抑制病菌对植物的侵入。

②石硫合剂：以生石灰、硫磺粉和水按 1∶2∶10 的比例，经过熬制而成，滤去沉渣，上层深红褐色的药液，即为石硫合剂的原液，

该液呈碱性。石硫合剂可以密封贮藏，使用时需将原液稀释，使用浓度以季节而定。冬季或早春植物展叶前，可喷洒波美 3～5 度，生长期只能喷洒波美 0.3～0.5 度的稀释液。

③代森锌：是一种有机硫制剂，具有广谱杀菌作用，代替铜制剂起保护作用，能防治多种真菌性病害，有粉剂和可湿性粉剂两种。

④代森铵：是一种淡黄色溶液，能渗透到植物体内，杀菌力强，除有保护作用外，还有一定的治疗效果。在植物体内分解后，还能起肥效作用，而且使用安全，不污染花卉。

⑤多菌灵：是一种高效低毒、广谱的内吸杀菌剂，具有保护和治疗作用。

⑥甲基托布津：是一种高效、低毒、广谱的内吸杀菌剂，具有保护和治疗作用。

C. 用药注意事项：在采用化学药剂防治病虫害时，必须注意防治对象、用药种类、用药浓度、施用方法、用药时间、施用部位和环境条件等。根据不同的防治对象选择适宜的药剂，药剂浓度不宜过高，以免对植物产生药害。喷药要周全细致，尤其是保护性药剂，应该使药液均匀地覆盖在被保护的植物表面及背部。一般喷药不要在气温最高的中午时间，以免发生药害；在阴雨天气不宜喷药，喷药后如遇降雨，必须在晴天后再喷一次。

用化学药剂防治植物病虫害时，切忌长期施用同种药剂，最好以不同药剂交替施用，以避免病原物和害虫产生抗药性从而降低或失去防治效果。

在使用化学药剂的同时，应高度重视人和禽畜的安全，要严格遵守每种药剂的性能、方法等说明，以免发生药害及中毒事故。

各　论

第一章　露地花卉

第一节　一、二年生花卉

一、一串红

别称：爆仗红(炮仗红)、萨尔维亚、象牙。

科属：唇形科鼠尾草属。

形态特征：多年生草本花卉，常作一年生栽培。茎四棱光滑，茎节间紫红色，基部多木质化；叶对生，有柄，叶片卵形，先端渐尖，边缘有锯齿；总状花序顶生，被红色柔毛，苞片卵形，深红色，早落；花萼钟形，与花冠同色；坚果卵形，黑褐色，花期 7 ~ 10 月，果熟期 9 ~ 11 月。

分布：原产巴西，我国各地广泛栽培。

习性：喜疏松、肥沃土壤，喜向阳地势，能耐半阴，怕霜冻，也不耐炎热气候；生长适温为 20 ~ 25℃，花期因播种期而异。

养护要点：一串红喜肥、喜水，生长期需经常补充肥水。从幼苗期开始进行摘心、摘蕾，促其多发侧枝，直到预定开花期前 25 天停止摘心摘蕾。夏季晴天每天要浇水 1 次，以清晨或傍晚为宜。温室养护一串红时，如室内温度、湿度高或光线不足，易发生腐烂病，所以应注意调节温度、湿度，使空气流通。

繁殖方法：

(1)播种繁殖：3 月下旬 ~ 7 月上旬可随时播于露地苗床，发芽适温为 21 ~ 23℃，播后 15 ~ 18 天发芽。另外，一串红为喜光性种子，播种后不需覆土，可用轻质蛭石撒放种子周围，既不影响透光又起保湿作用，可提高发芽率和整齐度，一般发芽率达到 85% ~90%。

（2）扦插繁殖：于6~7月进行，选择粗壮充实枝条，长10cm，插入消毒的腐叶土中，土温保持20℃，插后10天可生根，20天可移栽。

病虫害防治：

（1）刺蛾：主要为黄刺蛾、褐边绿刺蛾、丽褐刺蛾、桑褐刺蛾、扁刺蛾的幼虫，于高温季节大量啃食叶片。防治方法：一旦发现，应立即用90%的敌百虫晶体800倍液喷杀，或用2.5%的杀灭菊酯乳油1500倍液喷杀。

（2）介壳虫：主要有白轮蚧、日本龟蜡蚧、红蜡蚧、褐软蜡蚧、吹绵蚧、糠片盾蚧、蛇眼蚧等，其危害特点是刺吸一串红嫩茎、幼叶的汁液，导致植株生长不良，主要是高温高湿、通风不良、光线欠佳所诱发。防治方法：可于其若虫孵化盛期，用25%的扑虱灵可湿性粉剂2000倍液喷杀。

（3）蚜虫：主要为一串红管蚜、桃蚜等，它们刺吸植株幼嫩器官的汁液，危害嫩茎、幼叶、花蕾等，严重影响到植株的生长和开花。防治方法：及时用10%的吡虫啉可湿性能粉剂2000倍液喷杀。

景观用途：花坛的主要材料，也可作盆花摆设用，在节日里布置极为合适。

二、万寿菊

别称：臭芙蓉、万寿灯、蜂窝菊、臭菊花、蝎子菊。

科属：菊科万寿菊属。

形态特征：一年生草本。株高60~100cm，全株具异味，茎粗壮，绿色，直立；单叶羽状全裂对生，裂片披针形，具锯齿，上部叶时有互生，裂片边缘有油腺，锯齿有芒；头状花序着生枝顶，径可达10cm，黄或橙色，总花梗肿大，花期8~9月；瘦果黑色，冠毛淡黄色。

分布：原产墨西哥，我国各地有分布。

习性：喜阳光充足的环境，耐寒、耐干旱，在多湿的气候下生长不良；对土壤要求不严，但以肥沃疏松排水良好的土壤为好。

养护要点：万寿菊喜温暖湿润和阳光充足环境，喜湿，耐干旱。生长适宜温度为 15～25℃，10℃ 以下，生长减慢。花期适宜温度为 18～20℃，要求生长环境的空气相对湿度在 60%～70%，冬季温度不低于 5℃。夏季高温 30℃ 以上，植株会徒长，茎叶松散，开花少。万寿菊为喜光性植物，充足阳光对万寿菊生长十分有利，植株矮壮，花色艳丽；若阳光不足，茎叶柔软细长，开花少而小。

繁殖方法：

(1)播种繁殖：3 月下旬至 4 月初播种，发芽适温 15～20℃；播后 1 周出苗，苗具 5～7 枚真叶时定植。

(2)扦插繁殖：在 5～6 月进行，很易成活。管理较简单，从定植到开花前每 20 天施肥一次；摘心可促使分枝。

病虫害防治：

(1)黑斑病：主要侵害叶片、叶柄和嫩梢，叶片初发病时，正面出现紫褐色至褐色小点，扩大后多为圆形或不定形的黑褐色病斑。可喷施多菌灵、甲基托布津、达克宁等药物。

(2)白粉病：侵害嫩叶，叶片两面出现白色粉状物，早期病状不明显，白粉层出现 3～5 天后，叶片呈水渍状，渐失绿变黄，严重伤害时则造成叶片脱落。发病期喷施多菌灵、三唑酮即可，但以国光英纳效果最佳。

(3)蚜虫：主要有万寿菊管蚜、桃蚜等，它们刺吸植株幼嫩器官的汁液，危害嫩茎、幼叶、花蕾等，严重影响到植株的生长和开花。防治方法：及时用 10% 的吡虫啉可湿性能粉剂 2000 倍液喷杀。

景观用途：万寿菊分枝性强，花多株密，植株低矮，生长整齐，可作带状栽植代替篱垣，也可作背景用。

花语：友情。

三、三色堇

别称：三色堇菜、蝴蝶花、人面花、猫脸花、阳蝶花、鬼脸花。
科属：堇菜科堇菜属。

形态特征：多年生花卉，常作二年生栽培。株高 15～20cm，全株光滑；叶互生，基生叶圆心脏形；花大、色多，有纯色及复色，花期 4～6 月；果熟期 5～7 月。

分布：原产欧洲，全国各地有栽培。

习性：较耐寒，喜凉爽，喜肥沃、排水良好、富含有机质的中性壤土或黏性壤土。

养护要点：在昼温 15～25℃、夜温 3～5℃ 的条件下发育良好。昼温若连续在 30℃ 以上，则花芽消失，或不形成花瓣。日照长短比光照强度对开花的影响大，日照不良，开花不佳。因为三色堇在阴凉地区生长，水分不会散发很快，需要的水分不多。

繁殖方法：

（1）播种繁殖：华北地区以秋播为主，种子发芽适温 15～20℃。

（2）扦插繁殖：3～7 月均可进行，以初夏为最好。一般剪取植株中心根茎处萌发的短枝作插穗比较好，开花枝条不能作插穗。扦插后约 2～3 个星期即可生根，成活率很高。

病虫害防治：危害三色堇的虫害主要是黄胸蓟马。它主要以若虫和成虫危害三色堇的花，并会留下灰白色的点斑，危害严重时，会使三色堇的花瓣卷缩、花朵提前凋谢。黄胸蓟马的成虫和若虫一般都隐藏在花中，雌虫将卵产在花蕊或花瓣的表皮内，危害时用口器锉碎植物表皮吸取汁液，并多发于高温干旱时节。防治措施：用 2.5% 的溴氰菊酯 4000 倍液或杀螟松 1500 倍液，每隔 10 天喷洒一次。

景观用途：三色堇是冬、春季节优良的花坛材料，适应性强、管理粗放，也可以盆栽供人们欣赏。

花语：想念。

四、鸡冠花

别称：红鸡冠。

科属：苋科青葙属。

形态特征：一年生草本。株高 25～90cm，稀分枝，茎光滑，有棱线或沟；叶互生，有柄，卵状至线状，全缘，基部渐窄；穗状花序大，顶生、肉质，中下部集生小花；花被及苞片有白、红、橙、紫等色，花期 8～10 月；种子黑色。

分布：原产印度，现各地均有栽培。

习性：不耐寒，喜炎热而空气干燥的环境，宜栽于阳光充足、肥沃的砂质壤土中。

养护要点：鸡冠花喜空气干燥，忌受涝。因枝叶高大，生长期耗水量大，夏季必须充分灌水。常用草木灰、油粕及厩肥作为基肥。如在株高 20～30cm 时进行摘心，花期可推迟 1 周。

繁殖方法：播种繁殖。3 月份播于温床，覆土宜薄，白天保持 21℃以上，夜间保持 17℃以上，约 10 天可出苗。幼苗 2～3 片真叶时移植一次，6 月初定植露地，花期前最适温度为 24～25℃。

病虫害防治：鸡冠花病虫害较少，只在苗期易发立枯病，生长期有蚜虫危害，应注意防治。

景观用途：鸡冠花生长迅速，栽培容易，色彩绚丽，适于花境、花丛及花坛布置；如作切花，水养持久，如制成干花，经久不衰；花序、种子可入药，茎叶有用作蔬菜的。

花语：真挚的爱情、奇妙、痴情。

五、金鱼草

别称：龙口花、龙头花。

科属：玄参科金鱼草属。

形态特征：多年生草本，常作二年生栽培。株高 20～90cm；茎基部木质化，微有茸毛；叶对生或上部互生，叶片披针形至阔披针形，全缘，光滑；花序总状，小花有短柄，苞片卵形，花冠筒状唇形，上唇直立，下唇开展，有白、粉、红、黄、紫等色或具复色，花期 5～7 月；果熟期 7～8 月，蒴果，孔裂。

分布：原产地中海沿岸及北非，现各地均有栽培。

习性：较耐寒，喜向阳及排水良好的肥沃土壤；稍耐半阴，在凉爽环境中生长健壮，花多而鲜艳。

养护要点：高、中型品种可适当摘心，促使分枝而花多，不作为留种时，花后剪除，则开花不绝。如植于冷床（盖玻璃），加强管理，可于"五一"开花；如 7 月中下旬进行重剪，并适当追肥，国庆期间开花繁多；如夏末播种，露地培育，秋凉后移入温室，秋冬保持白天 22℃、夜间 10℃以上，可元旦开花。

繁殖方法：

(1)播种繁殖：金鱼草种子小，生活力保持 3～4 年。在 13～15℃时播种，1～2 周可出苗。早春播于冷床，于 6～7 月开花，春夏播种，于 9～10 月开花。最好的是秋播露地越冬，可于 4～5 月开花，且生长健壮，花期长。

(2)扦插繁殖：金鱼草的优良品种及重瓣品种不易结实时常用扦插繁殖，多于 6～7 月或 9 月份进行。

病虫害防治：金鱼草苗期易发立枯病，可用克菌丹浇灌。如发现叶枯病、细菌性斑点病、炭疽病等侵染叶、茎，可用波尔多波或乙基碘硫磷 400 倍液防治。菌核病可用甲基托布津 1000 倍液喷洒。对于蚜虫和夜盗虫，可用 40%氧化乐果乳油 1000 倍液防治。

景观用途：金鱼草花色繁多且色彩鲜艳，高、中型宜作切花和花境栽植；中矮型宜作花丛及花坛布置；矮型品种宜用于岩石园；促成栽培，可作冬春室内装饰。

花语：清纯的心。

白色金鱼草：心地善良。

红金鱼草：鸿运当头。

粉金鱼草：龙飞凤舞、吉祥如意。

黄金鱼草：金银满堂。

紫金鱼草：花好月圆。

杂色金鱼草：一本万利。

六、金盏菊

别称：金盏花、常春花。

科属：菊科金盏菊属。

形态特征：一、二年生草本花卉。株高 30～60cm；全株具毛；叶互生，长圆至长圆状卵形，全缘或有不明显锯齿，基部稍抱茎；头状花序单生，舌状花黄色，苞片线状披针形，花期 4～6 月；果熟期 5 ~ 7 月，瘦果弯曲。

分布：原产地中海沿岸，我国各地广泛栽培。

习性：性较耐寒，生长快，适应性强，对土壤及环境要求不严，喜轻松肥沃的土壤和日照充足之处。

养护要点：金盏菊枝叶肥大，生长快，早春应及时分栽。冷床越冬的 3 月下旬即可见花，4 月末定植露地后，于 5 月中下旬开花最盛。如春季 2 ~ 3 月播于冷床或温床时，初夏也可开花，但以秋播的生长和开花良好。金盏菊也可提早秋播，盆栽培养，霜时移入低温温室促成栽培，保持 8 ~ 10℃，可冬季开花；或于 10 ~ 11 月播于冷床或温床，也可供早春促成栽培。用作切花栽培时，应将主枝摘心，使侧枝开花，可使花梗较长。

繁殖方法：播种繁殖。9 月上旬播种，7 ~ 10 天出苗，于 10 月下旬假植于冷床内北侧越冬。

景观用途：金盏菊春季开花较早，可作花坛布置，也可作促成栽培，供应切花或盆花。

花语：悲伤、嫉妒。

七、凤仙花

别称：指甲草、小桃红。

科属：凤仙花科凤仙花属。

形态特征：一年生草本花卉。株高 60 ~ 80cm；茎肥厚多汁，近光滑；叶互生，披针形，叶柄有腺；花大，单朵或数朵簇生于上部叶腋，或呈总状花序；栽培品种极多，花色有白、大红、粉、紫、玫瑰红、洋红等，花型有单瓣、重瓣、复瓣、蔷薇型、茶花型等；花期 6 ~ 8 月，果熟期 7 ~ 9 月。

分布：原产中国、印度、马来西亚，现各地广泛栽培。

习性：喜炎热而畏寒冷，要求深厚肥沃土壤；生长迅速，易自播繁殖。

养护要点：凤仙花盛开时也可移植，容易恢复。当雨季排水不良时，因株间通风不好易感染病害，导致根茎腐烂病落叶，必须及时防治。对于枝叶繁密的品种，应适当摘除和整理。

繁殖方法：播种繁殖。3~4月在温室或温床中播种，经一次移植，5月底定植于露地。如露地播种，应在4月下旬进行，可于7月中旬开花，花期达40~50天。如作为国庆用花，应在7月中下旬播种，但花期短，因凤仙花遇霜即全株枯萎。

景观用途：凤仙花是我国民间栽培甚久的草花品种，深受民众喜爱。依其品种形态的不同，可供花坛、花境、花篱栽植，矮小而整齐的作盆花应用，高大类型的在夏季可替代灌木。凤仙花的茎叶都可入药或作蔬菜用。

花语：别碰我。

八、矮牵牛

别称：碧冬茄、灵芝牡丹。

科属：茄科碧冬茄属。

形态特征：多年生草本花卉，常作一年生栽培。株高20~60cm；全株具黏毛；茎稍直立或倾卧；叶卵形，全缘，上部对生，下部多互生；花单生叶腋或枝端，花冠漏斗形，先端具波状浅裂；栽培品种极多，花色有白、红、粉、紫、玫瑰红等，花型有单瓣、重瓣品种，瓣缘褶皱或呈不规则锯齿；蒴果。

分布：原产南美，现各地广泛栽培。

习性：喜温暖不耐寒冷，干热的夏季开花繁茂；忌雨涝，喜轻松排水良好及微酸性土壤；要求阳光充足，如遇阴凉天气则花少而叶茂。

养护要点：矮牵牛不耐寒且易受霜害，露地春播宜稍晚。如要提早花期，于3月份在温室盆播，保持20℃经7~10天即可发芽；出苗后维持9~13℃，待晚霜后移植于露地。矮牵牛移植后恢复较慢，应于苗小时尽早定植，勿使土球松散。春播苗花期为6~9月，为使早春开花，冬季应放入温室内，保持温度在15~20℃之间。

繁殖方法：

（1）播种繁殖。

（2）扦插繁殖：矮牵牛由于重瓣或大花品种常不易结实，或实生苗不易保持母本优良性状时，应采用扦插繁殖。早春花后，剪去枝叶，取其再萌发出来的嫩枝，进行扦插，在 20～23℃ 的条件下经15～20 天即可生根。

景观用途：矮牵牛花大而色彩丰富，适于花坛、花境布展；大花及重瓣品种可盆栽观赏或作切花；如温室栽培，可四季开花。

花语：安心。

九、长春花

别称：日日草、山矾花。

科属：夹竹桃科长春花属。

形态特征：多生草本花卉，常作一年生栽培。株高 30～60cm，矮生品种株高 25～30cm；直立，基部木质化；叶对生，长圆形，基部楔形，具短柄，叶色浓绿而有光泽；花单生或数朵腋生，花筒细长，萼片线状，具毛；花色有白、蔷薇红、白色喉部带斑等；花期春至深秋；蓇葖果，有毛。

分布：原产非洲东部，我国各地现广泛栽培。

习性：喜湿润的砂质壤土，要求阳光充足，忌干热，夏季应充分灌水并放置于稍阴处。

养护要点：长春花通常于春季播种，作一年生栽培。为使提早开花，可在早春温室播种育苗，保持 20℃ 的环境，春暖后移植于露地。花期应适当追肥，花后剪除残花。

繁殖方法：播种繁殖，也可扦插繁殖，但实生苗长势强健。

景观用途：长春花花期长、病虫害较少，适于花坛、花境布展；也可盆栽观赏；如温室栽培，可四季开花。

十、美女樱

别称：美人樱。

科属：马鞭草科马鞭草属。

形态特征：多生草本花卉，常作一、二年生栽培。植株宽广，丛生而覆盖地面，株高 30～50cm，矮生品种株高 20～25cm；全株具灰色柔毛，茎四棱；叶对生，有柄，长圆形或披针状三角形，叶缘具缺刻状粗齿；穗状花序顶生，但开花部分呈伞房状，花小而密集，苞片近披针形，花萼细长筒形，有白、红、粉、紫等色；花期6～9月；果熟期9～10月。

分布：原产巴西、秘鲁等地。

习性：喜阳光充足的环境，有一定的耐寒性，对土壤要求不严，在湿润、轻松而肥沃的土壤中开花更为繁密。

养护要点：美女樱长大后茎细长而铺散，移植后恢复缓慢，因此宜小苗时移植。如果必须使用大苗，应用盆栽苗或预先采取"蹲苗"措施。

繁殖方法：

(1)播种繁殖：美女樱作一年生栽培时，4月末播种，置于15～17℃条件下两周可出苗，但小苗侧根不多，7月至10月中旬初霜前可一直开花。美女樱作二年生栽培时，秋播，于冷床或低温温室越冬，春暖后移植到露地，5月即可开花。美女樱能自播繁衍，但多为异花授粉，因此播种难以保持花色纯正。

(2)扦插和压条繁殖：美女樱也可采用扦插和压条进行繁殖，通常分为两种情况。一是种子不足、出苗不佳，或是需要整齐而矮小的植株用作夏秋花坛布展，常于春夏扦插或压条。二是为保存优良的母株，或是需要纯色系的植株布置花坛，常于初秋进行扦插或压条。

景观用途：美女樱分枝紧密且覆盖地面，花序繁多且色彩鲜艳，常用于花境、花坛、布展，也可盆栽观赏。

花语：相守、和睦家庭。

十一、福禄考

别称：草夹竹桃、桔梗石竹。

科属：花荵科福禄考属。

形态特征：一年生草本。株高15～45cm；茎直立，多分枝，有腺毛；叶互生，基部叶对生，宽卵形、矩圆形或披针形，无柄，顶端急尖或突尖，基部渐狭或稍抱茎，全缘，上面有柔毛；聚伞花序顶生，有短柔毛；苞片和小苞片条形，花萼筒状，裂片条形，外面有柔毛；花色原种为红色，现花色繁多，有粉、白、紫红、斑纹及复色，花期 5~6 月；蒴果椭圆形或近圆形，有宿存萼片；种子倒卵形或椭圆形，背面隆起，腹面平坦、棕色。

分布：原产北美，现栽植广泛。

习性：性喜温暖，稍耐寒，忌酷暑；宜排水良好、疏松的壤土，不耐旱，忌涝。

养护要点：福禄考生长中必须要求阳光充足，夏季需要凉爽的气候。长江中下游及以南地区，由于夏季炎热，常采用秋播，小苗越冬在 0℃ 以上，这样可以在春季开花。如遇连阴天，福禄考则花色暗淡。

（1）移植、上盆：福禄考小苗不耐移植，因此宜早不宜晚，而且尽量保持小苗的根系完好。常在出苗后 4 周内移植上盆，采用 10cm 左右的小盆，以及排水良好、疏松透气的盆栽基质。

（2）温度调节：小苗出苗时的温度较高，可在 22℃，移植上盆的初期最好能保持 18℃，一旦根系伸长，可以降至 15℃ 左右生长，这样约 9~10 周可以开花。保持较低的温度可以形成良好的株形，福禄考可以耐 0℃ 左右的低温，但其生育期相对较长。

（3）打理：福禄考宜生长在阳光充足、气候凉爽的环境条件下，这样也无须用矮壮素来控制株形。当环境条件不理想，喷洒 1~2 次矮壮素可以防止徒长。栽培过程中必须保持良好的株行距，防止拥挤而影响株形及产生病虫害。植株矮生，枝叶被毛，因此浇水、施肥时应避免沾污叶面，以防枝叶腐烂。整个生长发育期为 10~14 周，与盆的大小、光照条件以及育苗时间有关。

繁殖方法：常用播种繁殖，暖地秋播，寒地春播，发芽适温为 15~20℃。种子生活力可保持 1~2 年。秋季播种，幼苗经 1 次移植后，至 10 月上中旬可移栽冷床越冬，早春再移至地畦，及时施肥，4 月中旬可定植。福禄考的花期较长，蒴果成熟期不一，为防种子散落，可在大部分蒴果发黄时将花序剪下，晾干脱粒。

病虫害防治：

（1）褐斑病：主要危害叶、花梗、茎。叶片染病初期为圆形斑点，边缘呈褐色环，略凸起渐向外扩展，有时病斑相互融合成片，使叶干枯，而在茎部发病则形成长条斑，在花梗发病则导致花朵黄化萎凋。有时病斑出现黑色霉层。防治方法：①控制基质及空气湿度，不要过高，加强通风透光。可于定植时浇以 2000 倍多菌灵溶液预防。②发病初期以 50% 苯菌灵 1500～2000 倍全株喷施。

（2）疫病：此病于幼苗、成株均可发病，主茎和分枝病部初见水渍状，后渐变深，植株输导组织受损而植株枯死，有时出现倒伏。防治办法：①控制栽培环境湿度及通风透光，尽量以设施栽培，露地栽培宜避开雨季，或避免盆栽基质因雨水溅至茎、叶。②栽培介质使用前应彻底消毒。③移植后可以用甲基托布津 1500 倍或地特菌 2000 倍溶液浇灌，每 10 天一次。④发病初期可以使用 50% 百菌清烟剂薰防，用量为 $1000g/667m^2$。

（3）细菌性斑点病：发生于叶、花及茎。病斑中间灰褐色，呈长条状，周围褐色纹，有时湿度大时病斑出现白色液体。病斑间常融合成片，致叶片枯黄死亡，茎部亦逐渐干枯而死。防治方法：①降低湿度，不要过度浇水，减少植株、叶片积水。②增强植株抗性，培育壮苗，不宜过度施用氮肥，而使植株抗病性减弱。③发病初期以硫酸链霉素 2000～2500 倍溶液全株喷施。

（4）白斑病：白斑病又称斑枯病，是福禄考发生较普遍、危害较重的一种叶斑病。起初病害由植株下部叶片开始发生，叶片上出现红色水渍状圆形斑点，后期呈暗褐色，病斑中央浅灰。该病由壳针孢属的真菌所致。病菌在落叶上越冬，借风雨传播。防治办法：①加强栽培管理，当年秋季应精心摘除植株的病叶并彻底销毁，以减少翌年的侵染源。栽培环境要通风良好，土壤湿度要适中，不宜过干或过湿。②发病期间，可喷洒 75% 百菌清可湿性粉剂 800～1000 倍液。育苗时，可用高锰酸钾溶液浇灌苗床土壤，消毒灭菌。

（5）叶枯病：该病主要特征是植株下部叶片首先枯黄，并逐渐向上发展，直到整个枝条枯死，在老的植株上发生严重，但不影响实生苗和新生根的插条。防治办法：针对病因，春季老茎萌发新枝时，增加喷灌，提高土壤含水量及空气湿度，以降低植株蒸腾作用，缓解病情，但一般不能恢复正常。

（6）病毒病：感病的植株、花器不正常，花变为绿色、畸形，叶片褪绿，组织变硬，质脆易折，有时叶尖和叶缘变红、变紫而干枯。

防治办法：①及时拔除有病植株。②选用无病材料繁育新植株。③及时喷洒杀虫剂，防止蚜虫、叶蝉传病。

景观用途：福禄考植株矮小，花色繁多，可作花坛、花境及岩石园的植株材料，亦可作盆栽供室内装饰，植株较高的品种可作切花。

花语：欢迎、大方。

十二、白晶菊

别称：晶晶菊。

科属：菊科茼蒿属。

形态特征：二年生草本。株高15～25cm，叶互生，一至两回羽裂；头状花序顶生，盘状，边缘舌状花银白色，中央筒状花金黄色，色彩分明、鲜艳，花径3～4cm；株高长到15 cm即可开花，花期从冬末至初夏，3～5月是其盛花期；瘦果，5月下旬成熟。

分布：原产欧洲。

习性：喜阳光充足而凉爽的环境，光照不足则开花不良；耐寒，不耐高温，在炎热条件下开花不良，易枯死；生长适温为15～25℃，花坛露地栽培-5℃以上能安全越冬，-5℃以下长时间低温，叶片受冻，干枯变黄，当温度升高后仍能萌叶，孕蕾开花。

养护要点：白晶菊忌高温多湿，夏季随着温度升高，花朵凋谢加快，30℃以上生长不良，摆放在阴凉通风的环境中能延长花期。其适应性强，不择土壤，但宜种植在疏松、肥沃、湿润的壤土或砂质壤土中。平时培养上保持湿润，切忌长期过湿，造成烂根，影响生长发育。生长期内每半个月施一次氮、磷、钾复合肥，比例为2:1:2；因白晶菊多花且花期极长，花期还需要及时补充磷、钾肥；花谢后，若不留种子，可随时剪去残花，促发侧枝产生新蕾，增加开花数量，延长花期。

繁殖方法：播种繁殖。通常在9～10月播种，发芽适宜温度为15～20℃。将种子与少量的细沙或培养土混匀后撒播于苗床或育苗盘中，覆土厚度以不见种子为宜，保持湿润，5～8天即可发芽；播种后用苇帘遮阴，不可用薄膜覆盖。成苗后略施追肥，促使幼苗生长健壮，长出 2~3 片叶时第一次分植，裸根不带宿土；长出 4~5 片真叶后移入苗床或营养钵中培育。10 月底浇一次透水，当畦土不黏不散时，起坨囤入阳畦越冬，晚间盖蒲席防寒。白晶菊虽耐寒，但冬季幼苗最好放在塑料大棚或冷室内，让其继续生长，适时浇水施肥，及时摘除花蕾，促其增大冠径，翌年早春移入室外或花坛，能增加其观赏效果。

病虫害防治：

（1）叶斑病：全年均可发生，尤以 5~10 月暖湿季节发病最多。防治方法：①清理枯枝残叶，及时摘除病叶，集中烧毁。②发病初期用 70% 甲基托布津 800~1000 倍液喷施。③发病期间用 50% 多菌灵或 75% 百菌清 800~1000 倍液交替喷施，每周 1 次，连喷 3~4 次。

（2）锈病：4~5 月份雨季及秋末多雨天气发病较严重。防治方法：①及时清除病株，摘除病叶，集中烧毁。②发病前定期用 80% 代森锌 500~700 倍液喷施。③发病期间用 15% 粉锈宁 800~1000 倍液喷施，时隔 7~10 天，连喷 3~4 次。

（3）枯萎病：夏季高温大雨时发病较严重。防治方法：①及时清除病株，集中烧毁。②发病期间用 50% 代森铵乳剂 800 倍液或 50% 多菌灵 400 倍液交替喷施，每周 1 次，连喷 3~4 次。

（4）蚜虫：全年都会发生，以 4~5 月、9~10 月为两个繁殖高峰。防治方法：勤查植株顶梢、花蕾底部及花瓣，发现蚜虫及时用 10% 吡虫啉可湿性粉剂，或一片净乳剂 1000~15000 倍液于傍晚喷施。

（5）菜青虫（白粉蝶）：4~10 月均有幼虫危害，但以夏秋最严重。幼虫专食植株顶芽或嫩梢。防治方法：勤查植株，发现虫害及时用 20% 灭扫利 1000 倍液，或 5% 锐劲特悬浮剂 1000~1500 倍液于傍晚喷施。

（6）尺蠖（尺蛾）：生育期内均会发生。幼虫发生盛期在 8 月上中旬，专食叶片、花蕾、花瓣。防治方法：勤查植株，发现虫害及时用 21% 灭杀毙 1000 倍液，或 1.8% 阿维菌素 1500~2000 倍液于傍晚喷施。

(7)蛴螬：地下害虫，幼虫专咬食植物根茎，主要发生在返苗期。幼虫5月下旬~11月份出现危害，尤以6~9月份危害严重。防治方法：勤查植株，发现虫害及时用辛硫磷乳剂拌细沙于傍晚撒施畦面，用药量为每亩300ml药液拌细沙25~30kg。

景观用途：白晶菊低矮而强健，花朵繁茂，开花早且花期长，成片栽培耀眼夺目，适用于花坛、花境、庭院布置，也适合盆栽，或是作为地被花卉栽种。

花语：为爱情占卜。

十三、百日草

别称：百日菊、步步高、对叶梅。

科属：菊科百日草属。

形态特征：一年生草本。茎直立，株高30~100cm，被糙毛或长硬毛；叶宽卵圆形或长圆状椭圆形，长5~10cm，基部稍心形抱茎，两面粗糙，下面密被短糙毛；头状花序径5~6.5cm，单生枝端，总苞宽钟状，总苞片多层，宽卵形或卵状椭圆形，托片上端有延伸的附片；附片紫红色，流苏状三角形；舌状花深红色、玫瑰色、紫堇色或白色，舌片倒卵圆形，先端2~3齿裂或全缘，上面被短毛，下面被长柔毛；管状花黄色或橙色，先端裂片卵状披针形，上面被黄褐色密茸毛；花期6~9月，果期7~10月。百日草品种类型很多，一般分为大花高茎类型（株高90~120cm，分枝少）、中花中茎类型（株高50~60cm，分枝较多）、小花丛生类型（株高仅40cm，分枝多）；按花型常为大花重瓣型、钮扣型、鸵羽型、大丽花型、斑纹型、低矮型。

分布：原产墨西哥，著名的观赏植物，有单瓣、重瓣、卷叶、皱叶和各种不同颜色的园艺品种。在我国各地栽培很广，有时成为野生。

习性：性强健、喜温暖、不耐寒、怕酷暑、耐干旱和瘠薄、忌连作；根深茎硬不易倒；宜在肥沃、深厚土壤中生长；生长期适温为15~30℃，适合北方栽培。

养护要点：

温度管理：百日草喜温暖向阳环境，不耐酷暑高温和严寒，生长适温为白天 18~20℃、夜间 15~16℃；夏季生长尤为迅速，秋季下霜后植株逐渐死亡。

光照管理：可直接采用全日照方式，太阳直射。若日照不足则植株容易徒长，抵抗力亦较弱，此外开花亦会受影响。

水肥管理：由于光线需求度高，因此水分极易蒸发，需经常保持适当湿度，夏天可每天浇水。百日草喜微潮偏干的土壤环境，忌环境渍水。除在定植时为植株施用适量鸡粪作为基肥外，生长旺盛阶段还应每周追施一次稀薄液体肥料，它是喜硝态氮的作物，所以不要施用硫酸铵、碳酸氢铵这类铵态氮的肥料。开花前多追肥（化肥、腐熟有机肥等），一般 5~7 天一次，直至开花；花后及时将残花从花茎基部剪去，修剪后追肥 2~3 次，保证植株生长所需的水肥，以延长整体花期。

栽种密度：栽种密度为每平方米 12~18 株。百日草喜日照充足，忌环境荫蔽。保持环境通风可以防止植株徒长，减轻白粉病的发生。

抗倒伏：百日草秧苗在生长后期非常容易徒长，为防止徒长，一是适当降低温度；二是保证有足够的营养面积，加大株行距；三是摘心，促进腋芽生长。

花期控制：可采取调控日照长度的方法调控花期。因百日草是相对的短日照植物，日照长于 14 小时，开花推迟，播种到开花需 70 天，且舌状花多；日照短于 12 小时，则开花提前，播种到开花只需 60 天，但以管状花较多。另外，也可通过调整播种期和摘心时间来控制开花期。

繁殖方法：

（1）播种繁殖：百日草以种子繁殖为主，发芽适温 20~25℃，7~10 天萌发，播后约 70 天开花。播种在 4 月上旬至 6 月下旬均可，播种时间根据所需开花时间而定，一般提前 2~3 个月于温室播种，如秋季花坛使用，宜在夏季播种；露地直播宜在早春严寒过后，否则幼苗发育不良。播种前土壤和种子要经过严格的消毒处理，以防生长期出现病虫害。种子消毒用 1% 高锰酸钾液浸种 30 分钟；基质用腐叶土2份、河沙1份、泥炭2份、珍珠岩2份混合配制而成，可用0.05%高锰酸钾或1000倍甲醛消毒；土壤可采用高温熏蒸法，杀死其中的病菌、害虫及草种。播前基质湿润后点播，百日草为嫌光性花种，播种后需覆盖一层蛭石。真叶2~3片时移苗，4~5片时摘心，经2~3次移植后可定植。

(2)扦插繁殖：扦插繁殖一般在6~7月份进行。利用百日菊侧枝剪取长10cm，插入沙床，插后15~20天生根，25天后可盆栽。由于扦插苗生长不整齐，操作麻烦，实际应用不普遍。

病虫害防治：

(1)白粉病：多在下部叶上发病，初生暗褐色的小斑点，后成周边暗褐色而中心灰白色的病斑，严重时叶卷枯。高温高湿环境、缺肥、缺水或生长不良等都容易发病。防治方法：①加强管理，施足肥料，培育壮苗，防雨遮阴，定植后适时浇水，防止大水漫灌；加强棚室通风，降低湿度，并及时清除病残体。②发病初期，及时摘除病叶，然后立即喷药防治，可用1∶0.5∶200倍的波尔多液加0.1%硫磺粉，或65%代森锌可湿性粉剂500倍液进行喷施。

(2)黑斑病：又称褐斑病。病菌借风雨传播，在百日草整个生长过程中都会遭到侵染，特别是在高温多湿的气候条件下，发病最为严重。被侵染植株的叶子变褐干枯，花瓣皱缩，影响观赏，叶、茎、花均可遭受此病危害。叶片上最初出现黑褐色小斑点，不久扩大为不规则形状的红褐色大斑，随着斑点的扩大和增多，整个叶片变褐干枯；茎上发病从叶柄基部开始，纵向发展，成为黑褐色长条状斑；花器受害症状与叶片相似，不久花瓣皱缩干枯。防治方法：①选择排水良好的地段种植，栽植密度要适当，避免连作。②种子播前要进行消毒处理，用50%多菌灵可湿性粉剂1000倍液浸种10分钟；秋后及时销毁病叶、病茎等，消灭来年的侵染源；从无病的健康母株上留种。③用50%代森锌或代森锰锌5000倍液液喷雾。喷药时，要特别注意叶背表面喷匀。

(3)花叶病：该病常常引起植株矮小、退化，观赏性下降。发病初期叶片上呈轻微的斑驳状，以后成为深浅绿斑驳症，新叶上症状更为明显。此病毒病可以由多种蚜虫传播，灭蚜防病对百日草花叶病有一定的控制作用；另外，也要注意田间的卫生管理，及时根除病株，减少侵染源。

景观用途：百日草开花繁茂，花色鲜艳且花期很长，观赏价值高，适宜布置花坛、花境，可丛植、条植，也可作盆栽欣赏；百日草切花水养期长，是良好的草本花材。

花语：想念远方朋友、天长地久。

十四、波斯菊

别称：秋英、格桑花。

科属：菊科秋英属。

形态特征：一年生草本植物。株高 30~120cm；细茎直立，分枝较多，光滑或具微毛；单叶对生，长约 10cm，二回羽状全裂，裂片狭线形，全缘；头状花序着生在细长的花梗上，顶生或腋生，花茎 5~8cm；总苞片 2 层，内层边缘膜质；舌状花 1 轮，花瓣尖端呈齿状，有白、粉、深红等色；筒状花占据花盘中央部分，均为黄色；花期夏、秋季；瘦果有喙，种子寿命 3~4 年。

分布：原产墨西哥，现全国各地均有种植。

习性：喜温暖，不耐寒，也忌酷热；喜光，耐干旱瘠薄，喜排水良好的砂质壤土；忌大风，宜种植于向阳背风处。

养护要点：波斯菊喜温湿向阳，略耐早霜，对土壤要求不严。苗高 5cm 即可移植，叶 7~8 枚时定植。对肥水要求不严，在生长期间每隔 10 天施 5 倍水的腐熟尿液一次。高中型品种花前需设支柱，以防风灾倒伏。因其生长迅速，可以多次摘心，以增加分枝。炎热时易发生红蜘蛛危害，宜及早防治。如要国庆节使用，应在 7 月下旬至 8 月上旬播种，经 50~60 天即可开花，植株矮小而整齐。如要培育成株型矮、不易倒伏的波斯菊，应采取以下对策：①7 月下旬播种。②春播后长到 40~50cm 时摘心，让腋芽开花。③尽早立起矮竹等支柱。

繁殖方法：

（1）播种繁殖：北方一般 4~6 月播种，6~8 月陆续开花，8~9 月因气候炎热，多阴雨，开花较少，秋凉后又继续开花直到霜降。

如在 7~8 月播种，则 10 月份就能开花，且株矮而整齐。波斯菊的种子有自播繁衍能力，一经栽种，以后就会生出大量自播苗，若稍加保护，便可照常开花。

（2）扦插繁殖：在波斯菊生长期可扦插繁殖，于节下剪取 15cm 左右的健壮枝条，插于砂壤土中，适当遮阴及保持湿度，6~7 天即可生根。也可用嫩枝扦插繁殖，插后 15~18 天生根。

病虫害防治：波斯菊主要的病虫害有叶斑病、白粉病等。炎热时易发生红蜘蛛危害，宜及早防治。

（1）白粉病：发病部位为叶片、嫩茎、花芽及花蕾等，明显特征是在病部长有灰白色粉状霉层，被害植株生长发育受阻，叶片扭曲，不能开花或花变畸形。病害严重时，叶片干枯，植株死亡。防治方法：①适当增施磷肥和钾肥，注意通风、透光。②将重病株或重病部位及时剪除，深埋或烧毁，以杜绝菌源。③必要时，在发病初期喷洒 15% 粉锈宁可湿性粉剂 1500 倍液。

景观用途：波斯菊株形高大，叶形雅致，花色丰富，有粉、白、深红等色，适于布置花境，在草地边缘、树丛周围及路旁成片栽植美化绿化，颇有野趣；也可植于篱边、山石、崖坡、树坛或宅旁；重瓣品种可作切花材料。

花语：少女纯情。

十五、蛇目菊

别称：小波斯菊、金钱菊、孔雀菊。

科属：菊科蛇目菊属。

形态特征：一、二年生草本。基部光滑，上部多分枝，株高 60~80cm；叶对生，基部生叶 2~3 回羽状深裂，裂片呈披针形；头状花序着生在纤细的枝条顶部，有总梗，常数个花序组成聚伞花丛，花序直径 2~4cm；舌状花单轮，黄色，基部或中下部红褐色，管状花紫褐色。

分布：原产美国中西部地区，中国部分地区广为栽培，广东沿海岛屿有分布。

习性：喜阳光充足环境，耐寒力强，耐干旱、瘠薄；不择土壤，肥沃土壤易徒长倒伏；凉爽季节生长较好。

繁殖方法：春秋均可播种繁殖。3～4月播种可在5～6月开花；6月播种9月开花；秋播于9月先播入露地，分苗移栽1次，移栽时要带土团，10月下旬囤入冷床保护越冬，来年春季开花。

景观用途：蛇目菊可栽入园林隙地，作地被植物任其自播繁衍；也适作切花。

花语：恳切的喜悦。

十六、藿香蓟

别称：胜红蓟、一枝香。

科属：菊科藿香蓟属。

形态特征：一年生草本。高50～100cm；头状花序通常在茎顶排成紧密的伞房状花序；花梗被尘状短柔毛，总苞钟状或半球形，花果期全年，瘦果黑褐色。

分布：原产美洲热带，我国各地广泛栽培，也有野生分布的，生于山谷、山坡林下或林缘、河边或山坡草地、田边或荒地上。

习性：喜温暖、阳光充足的环境；分枝力强，耐修剪；对土壤要求不严。

养护要点：藿香蓟适应性强，不择土壤，在砂壤土、田园土、微酸或微碱性土中均能生长良好。在阳光充足条件下，花朵密集，花色艳丽；在荫蔽环境中，茎叶鲜绿色，覆盖地面效果好。藿香蓟耐修剪，花后可以随时修剪，使之形成新的花朵。生长期要求适量施追肥，可用复合化肥或鸡粪干，切记施肥后应立刻灌水，否则易烧伤叶面或植株根系。

繁殖方法：

(1)播种繁殖：藿香蓟种子细小，播种要求细致作业。一般情况，2月初在温室内播种，也可于4月初露地播种。培养土应以农肥、园田土各半，掺入少量的腐叶土，混合均匀后过筛。覆土不可过厚，以能盖严种子即可。盆土保持湿润，控制地温22～25℃约10天可出苗。

(2)扦插繁殖：对一些优良品种，可以进行扦插育苗，或应用组织培养快速育苗。扦插育苗要准备大母株，冬天放温室内，早春采取健壮枝条，保留 2~4 片真叶，不留生长点。枝条长度为 5~6cm，剪口应在节下，随剪随插。扦插深度为插条长的 1/3~1/2。高温季节，扦插后放阴凉处，防止高温和日晒。10 天左右生根，可以分苗。扦插育苗除冬天低温外，其它生长季节均可进行，易成活。

景观用途：藿香蓟株丛繁茂，花色淡雅，常用来配置花坛和地被，也可用于小庭院、路边、岩石旁点缀。矮生品种可盆栽观赏，高秆品种用于切花插瓶或制作花篮。

花语：敬爱。

十七、半枝莲

别称：并头草、狭叶韩信草、赶山鞭、牙刷草。

科属：唇形科黄芩属。

形态特征：一年生草本。根茎短粗，生出簇生的须状根；茎直立，四棱形，无毛或在序轴上部疏被紧贴的小毛，不分枝或少分枝；叶具短柄或近无柄，疏被小毛；叶片三角状卵圆形或卵圆状披针形，先端急尖，基部宽楔形或近截形；花单生于茎或分枝上部叶腋内，花果期 4~7 月；坚果小，褐色，扁球形，径约 1mm，具小疣状突起。

分布：我国栽植广泛。

习性：喜温暖、湿润和半阴的环境，忌涝；对土壤要求不严，栽培以土层深厚、疏松、肥沃、排水良好的砂质壤土或腐殖质壤土为好。

繁殖方法：播种、扦插繁殖。

景观用途：半枝莲株高仅 15cm 左右，丛生密集，花繁艳丽，花期长，是装饰草地、坡地和路边的优良配花，亦宜作花坛和花境；盆栽小巧玲珑，可陈列在阳台、窗台、走廊、门前、池边和庭院等多种场所观赏。

十八、醉蝶花

别称：西洋白花菜、凤蝶草、紫龙须、蜘蛛花。

科属：白花菜科醉蝶花属。

形态特征：一年生草本植物。株高 60～150cm，被有黏质腺毛，枝叶具气味；掌状复叶互生，小叶 5～9 枚，长椭圆状披针形，有叶柄，2 枚托叶演变成钩刺；总状花序顶生，边开花边伸长，花期 7～11 月；蒴果细圆柱形，内含种子多数。

分布：分布于全球热带、温带等地。

习性：适应性强，性喜高温，较耐暑热，忌寒冷；喜湿润，亦较能耐干旱，忌积水；喜阳光充足，耐半阴；对土壤要求不苛刻，水肥充足的肥沃地，植株高大；一般肥力中等的土壤，也能生长良好。

繁殖方法：播种、扦插繁殖。

病虫害防治：

（1）叶斑病：用 50% 托布津可湿性粉剂 500 倍液喷洒。

（2）锈病：用 50% 萎锈灵可湿性粉剂 3000 倍液叶喷洒。

（3）鳞翅目虫害：醉蝶花在苗期易受鳞翅目害虫的危害，可以采用杀虫剂阿维菌素 4000 倍进行叶面喷施。

景观用途：醉蝶花的花瓣轻盈飘逸，盛开时似蝴蝶飞舞，颇为有趣，可在夏秋季节布置花坛、花境，也可进行矮化栽培，将其作为盆栽观赏。在园林应用中，可根据其能耐半阴的特性，种在林下或建筑阴面观赏。醉蝶花对二氧化硫、氯气均有良好的抗性，是非常优良的抗污花卉，在污染较重的工厂矿山也能很好地生长。

花语：神秘。

十九、夏堇

别称：蝴蝶草、蓝猪耳。

科属：玄参科蝴蝶草属。

形态特征：一年生草本。株高 15～30cm，株形整齐而紧密；方茎，分枝多，呈披散状；叶对生，卵形或卵状披针形，边缘有锯齿，叶柄长为叶长之半，秋季叶色变红；花腋生或顶生，总状花序，花色有紫青色、桃红色、蓝紫色、深桃红色及紫色等，花期 7～10 月；种子细小。

分布：原产亚洲热带地区。

习性：喜高温、耐炎热，喜光、耐半阴，对土壤要求不严。

养护要点：夏堇属亚热带花卉，喜欢温度高的生长环境，耐高温。花期在夏季，可以适应各种土质，要保证其充分生长的养分，但需肥量不大，在阳光充足、适度肥沃湿润的土壤上就能开花繁茂。夏秋两季是夏堇的生长旺盛期，所以在室外温度降至 12℃ 左右即可入室保护栽培；越冬温度最好保持在 15℃ 以上，霜冻即可将其毁灭。夏堇喜湿润的环境及土壤，生长期切不可干旱，夏季浇水要避开中午高温时段。越冬期间可在表土见干后浇透，而夏季在室外养护时，需要保持一定的湿润，要勤浇水，增加喷水次数。

繁殖方法：夏堇一般于春季播种。因种子细小，可掺细沙播种，播后可不覆土，但要用薄膜覆盖保湿，用浸水法浇水。10 天左右发芽，出苗后去掉薄膜，放在光线充足通风良好的地方，株高达 10cm 时可移栽。栽培时宜放在光照充足的地方，为保持花色艳丽，栽培前需要施用有机肥做基肥，生长期施 2～3 次化肥或有机肥，以保持土壤的肥力。

景观用途：夏堇花朵小巧，花色丰富，花期长，生性强健，适合阳台、花坛、花境等种植，也是优良的吊盆花卉。

二十、紫茉莉

别称：草茉莉、胭脂花、地雷花、粉豆花、耳环花。

科属：紫茉莉科紫茉莉属。

形态特征：一年生草本花卉。主茎直立，高 50～100cm，具膨大的节，多分枝而开展；单叶对生，卵状或卵状三角形，全缘；花顶生，总苞内仅 1 花，无花瓣；瓣化花萼有紫红、粉红、红、黄、白等各种颜色，也有红色加黄色、白色加粉色等品种；瘦果球形，黑色，具纵棱和网状纹理，形似地雷状。

分布：原产热带美洲，我国南北各地常栽培，为观赏花卉，也有野生。

习性：喜温和、湿润及通风良好的环境条件，不耐寒，冬季地上部分枯死，在江南地区地下部分可安全越冬而成为宿根草花，来年春季续发长出新的植株。紫茉莉在略有蔽荫处生长更佳，花朵在傍晚至清晨开放，在强光下闭合。

养护要点：紫茉莉喜欢温暖的气候，土壤要求疏松、肥沃、深厚，富含腐殖质。其日常管理比较简单，晴天傍晚喷水，每周追施稀薄肥 1~2 次，有利于旺盛生长。病虫害较少，天气干燥则易长蚜虫，应注意保湿预防蚜虫。

繁殖方法：紫茉莉可春播繁衍，也能自播繁衍。可于 4 月中下旬直播于露地，发芽适温为 15~20℃，1 周可萌发。因紫茉莉属深根性花卉，不宜在露地苗床上播种后移栽，应事先播入内径 10cm 的筒盆，成苗后脱盆定植。紫茉莉为风媒授粉花卉，不同品种极易杂交，若要保持品种特性，应隔离栽培。

景观用途：紫茉莉夏秋开紫色小花，花芳香，可于房前、屋后、篱垣、疏林旁丛植，黄昏散发浓香。也可在园林绿地内丛植或片植，或点缀于居住小区的院落之中。

二十一、毛地黄

别称：洋地黄、指顶花、金钟、吊钟花。

科属：玄参科毛地黄属。

形态特征：一年生或多年生草本。株高 60~100cm，除花冠外，全体被灰白色短柔毛和腺毛；茎单生或数条成丛；叶对生或上部互生，无柄，披针形或条状披针形，具尖而向叶顶端弯曲的疏齿；花单生叶腋，花瓣唇形，花冠紫红色，内面具斑点，花期 5~6 月；蒴果卵形，种子短棒状。

分布：原产欧洲及亚洲西部，我国各地广泛栽培。

习性：喜阳光充足且耐半阴，喜温暖也较耐寒，耐干旱、瘠薄，忌炎热；适宜在湿润而排水良好的土壤上生长。

繁殖方法：常用播种繁殖和分株繁殖。

（1）播种繁殖：北方地区于 4 月上、中旬土壤解冻后，或 11 月土壤冻结前播种。多采用阳畦育苗，阳畦内用腐熟的马粪作底肥，将肥粒与床土充分混合后整平。可用种子直接播种，也可用 20℃温水催芽播种。直播法省工，按 6cm 的行距条播或撒播，深度 1cm 左右，播后盖薄席保温，一般上午 10：00 左右打开薄席，下午 16：00 盖席保温。在 5 月中旬幼苗长到 3～5 片叶时，按行株距 30cm × 20cm 定植到大田，栽后浇水。

(2) 分株繁殖：毛地黄老株可分株繁殖，分株宜在早春进行，成活容易。

病虫害防治：毛地黄易发生枯萎病、花叶病和蚜虫等危害。发生病害时，及时清除病株，并进行土壤消毒。发生虫害时，可用 40% 氧化乐果乳油 2000 倍液喷杀，同时也能减少花叶病的发生。

景观用途：毛地黄植株高大，花序挺拔优美，花色丰富亮丽，适于花境、花坛、岩石园中应用，也可盆栽。

花语：谎言。

二十二、虞美人

别称：赛牡丹、丽春花、满园春。

科属：罂粟科罂粟属。

形态特征：一年生草本花卉。株高 40～60cm，分枝细弱，被短硬毛；茎叶均有毛，含乳汁，叶互生，羽状深裂，裂片披针形，具粗锯齿；花单生茎顶，花蕾始下垂，有长梗，开放时直立，有单瓣或重瓣；花色有红、淡红、紫、白等色及复色，花期 4～6 月。

分布：原产欧洲中部及亚洲东北部，世界各地多有栽培，比利时将其作为国花。虞美人在我国广泛栽培，以江、浙一带最多。

习性：耐寒，怕暑热，喜阳光充足的环境，喜排水良好、肥沃的砂质壤土；不耐移栽，能自播繁衍。

繁殖方法：常采用播种繁殖。因移植成活率低，宜采用露地直播。秋播一般在 9 月上旬，苗距 20～30cm。也可春播，即在早春土壤解冻时播种，多采用条播，苗距 15～25cm，发芽适温为 15～20℃，播后约 1 周出苗。因虞美人种子易散落，种过 1 年后的环境可不再播种，原地即会自生小苗。

病虫害防治：虞美人很少发生病虫害，但若施氮肥过多，植株过密或多年连作，则会出现腐烂病，需将病株及时清理，再在原处撒一些石灰粉即可。若遭遇金龟子幼虫、介壳虫危害，可喷施 40%

氧化乐果 1000 倍液，每隔 7 天喷施 1 次即可，至虫灭。

景观用途：虞美人的花多彩多姿，颇为美观，适用于花坛栽植及公园中成片栽植，景色非常宜人。

花语：虞美人在古代寓意着生离死别、悲歌。

白色虞美人：安慰、慰问 。

红色虞美人：极大的奢侈、顺从。

二十三、五色苋

别称：红绿草、五色草、锦绣苋。

科属：苋科虾钳菜属。

形态特征：多年生草本，常作一年生栽培。株高 10 ~ 20cm；茎直立斜生，多分枝，呈密丛状，节膨大；单叶对生，叶柄极短，叶小、纤细，椭圆状披针形，红色、黄色或紫褐色，也常具彩斑或异色；花腋生或顶生，花小，白色；胞果，常不发育。

分布：原产南美巴西，我国各地普遍栽培。

习性：喜阳光充足，耐半阴；喜温暖湿润环境，不耐热；极不耐寒，冬季宜在15℃温室中越冬；不择土壤，但不耐干旱和水涝。

养护要点：盆土以富含富腐殖质、疏松肥沃、高燥的砂质壤土为宜，忌黏质壤土。盆栽时，一般每盆种 3 ~ 5 株。生长季节，适量浇水，保持土壤湿润。一般不需施肥，为促其生长，也可追施 0.2% 的磷酸铵。

繁殖方法：扦插繁殖。摘取具 2 节的枝作插穗，以 3cm 株距插入沙、珍珠岩或土壤中，插床适温为22 ~ 25℃，1 周可生根，2 周即可移栽。

景观用途：五色苋植株低矮，枝叶繁密，叶色鲜艳，利用耐修剪和色彩丰富的特性，最适于布置模纹花坛，可表现出平面或立面的造型；也可用作地被、盆栽、岩石园或是花坛、花境的镶边材料。

二十四、雏菊

别称：春菊、马兰头花、延命菊。

科属：菊科雏菊属。

形态特征：多年生草本植物，常秋播作二年生栽培。株高 15 ~ 20cm；全株具毛，叶于茎基部簇生，匙形或倒卵形，端钝，边缘具齿牙；通常每株抽花 10 朵左右，花茎 2.5 ~ 4cm，总梗有毛，头状花序单生于花茎顶端，花序直径 3 ~ 5cm，舌状花多轮，条形，有白色、粉红色、红色、紫色或红白相间等色，管状花黄色；因播种期的不同，花期可在春季，也可在夏季；种子细小，灰白色。

分布：原产欧洲和地中海区域，我国各地多有栽植。它的中文名叫雏菊是因为它和菊花很像，花瓣都是线条状的，区别在于菊花花瓣纤长而且卷曲油亮，雏菊花瓣则短小笔直，就像是未成形的菊花。故名雏菊。

习性：喜光稍耐阴，喜冷凉湿润气候，耐寒而不耐酷热；能适应一般园土，而以肥沃、富含腐殖质的土壤最为适宜，不耐水湿；耐移植，移植可促使发根。

养护要点：雏菊对肥料要求不太严格，在整个生长期中只需追施 4 ~ 5 次肥，如将少许豆油滴入花盆，可使其叶绿花肥。平时不可浇水太多，雨季注意排水防涝。由于雏菊变异性大，品种容易退化，应年年进行分色选种。对采种母株应加强肥水管理，使种子充实饱满，并按成熟程度分期采收。

繁殖方法：播种繁殖为主，也可分株和扦插繁殖。

病虫害防治：

病害：雏菊的病害主要有苗期猝倒病、叶枯病、灰霉病、褐斑病、炭疽病、霜霉病等，可用百菌清 600 ~ 800 倍液进行防治。

虫害：雏菊的虫害主要有菊天牛、棉蚜、地老虎、大青叶蝉等。发现后应及时采用辛硫磷、敌百虫或吡虫啉等药物进行防治。

景观用途：雏菊花期长，而且在早春 2 月就开花了，使人及早感到春天的到来。雏菊植株矮小，花朵秀丽，色彩雅致，适宜布置春季花坛、花境，也可以盆栽欣赏。

花语：纯洁的美、天真、愉快、幸福、和平、希望。

二十五、翠菊

别称：江西腊、五月菊。

科属：菊科翠菊属。

形态特征：一年生草本植物。株高 40~100cm，全株疏生短毛；茎直立，上部多分枝；叶互生，叶片卵形至长椭圆形，有粗钝锯齿，下部叶有柄，上部叶无柄；头状花序单生枝顶，花径 6~8cm，总苞片多层，外层长椭圆状披针形或匙形、叶质，内层膜质；春播花期 7~10 月，秋播 5~6 月；瘦果楔形，浅褐色。

分布：原产中国北部，世界各地广泛栽培。

习性：喜温暖、湿润和阳光充足环境，怕高温、多湿和通风不良；耐寒性弱，也不喜酷热；生长适温为 15~25℃，冬季温度不低于 3℃；若 0℃ 以下茎叶易受冻害，而夏季温度超过 30℃ 时，则开花延迟或开花不良；喜肥沃湿润和排水良好的壤土、砂壤土，忌积水。

养护要点：翠菊为浅根性植物，生长过程中要保持盆土湿润，有利茎叶生长。同时，盆土过湿对翠菊影响更大，引起徒长、倒伏和发生病害。翠菊是长日照植物，对日照反应比较敏感，在每天 15 小时长日照条件下，能保持植株矮生，开花可提早；若短日照处理，则植株长高，开花椎迟。

繁殖方法：翠菊常用播种繁殖。因品种和应用要求不同决定播种时间。如从 11 月至翌年 4 月播种，开花时间可以从 4 月到 8 月。翠菊发芽适温为 18~21℃，播后 7~21 天发芽。幼苗生长迅速，应及时间苗。用充分腐熟的优质有机肥作基肥，化学肥料可作追肥，一般多春播，也可夏播和秋播，播后 2~3 个月就能开花。

病虫害防治：

（1）黄化病：感病后，叶片呈淡黄色，植株生长弱，能继续传染邻近的植株。防治方法：①经常清除翠菊周围的野生杂草，以减少传染源。②发病初期，喷洒医用四环素或土霉素 4000 倍液。

（2）灰霉病：翠菊常见的一种病害，危害花、花梗、叶，严重时花、叶均枯死，影响其观赏性。当气温 20℃ 左右、湿度很大时，易发生此病。防治方法：①注意温室通风，降低湿度，避免不适当的浇水；及时清除病株、病叶，减少侵染源。②发病时喷 50% 速克灵可湿性粉剂 1500 倍液或 50% 扑海因 1500 倍液。

（3）锈病：染病后叶片正面出现褪绿斑，相应背面可看到圆形淡黄色粉状孢子堆。防治方法：发病初期，喷洒 15% 三唑酮（粉锈宁）可湿性粉剂 1500 倍液或 12.5% 速保利 3000 倍液。

（4）褐斑病：该病是翠菊的一种常见叶部病害，病菌为壳针孢属的一种真菌，以菌丝体和分生孢子器在病株残体上越冬，翌年随风雨传播。北方 7~8 月高温多雨，发病严重。植株种植过密时，易于发病。初期在叶片出现近圆形大小不一的紫褐色病斑，后变成黑色或黑褐色；后期病斑中心转浅灰色，再现细小黑点。叶上病斑较多时，全叶变黄干枯，导致全株枯萎。一般从下部叶片开始，顺次向上枯死。

防治方法：①选择排水良好的地段种植，种植密度要适当。②选择抗病品种，发现病叶立即摘除；秋末，收集病落叶和病残体集中销毁。③喷施 50% 多菌灵可湿性粉剂 1000 倍液，或 80% 代森锌可湿性粉剂 500~700 倍液，或 1% 波尔多液，每隔 7~10 天喷施 1 次。

景观用途：翠菊品种多，类型丰富，花期长、花色鲜艳，是较为普遍栽植的一种一、二年生花卉。矮型品种适合盆栽观赏，也宜用于模纹花坛边缘；中高型品种适于各种类型的园林布置；高型品种可作背景花卉，也可作为室内花卉，或作切花材料。

花语：追想可靠的爱情、请相信我。

二十六、旱金莲

别称：旱荷、寒荷、金莲花。

科属：旱金莲科旱金莲属。

形态特征：多年生蔓性草本，也做一年生栽培。茎细长，稍肉质，无毛或被疏毛；叶互生，叶片圆形，直径 3~10cm，边缘为波浪形的浅缺刻，背面通常被疏毛或有乳凸点；叶柄长，向上扭曲，盾状着生于叶片的近中心处；单花腋生，花柄长 6~13cm；花黄色、紫色、橘红色或杂色，花期 6~10 月，在环境条件适宜的情况下，全年均可开花；果扁球形，成熟时分裂成 3 个具 1 粒种子的瘦果，果期 7~11 月。

分布：原产南美秘鲁、智利、巴西等地，我国普遍引种作为庭院或温室观赏植物。

习性：喜阳光充足环境，稍耐寒，能忍受短期 0℃；喜温暖湿润，生长适温 18～24℃，越冬温度 10℃以上；忌高温，夏季高温时不易开花，35℃以上生长受抑制；宜排水良好的肥沃土壤。

养护要点：

土壤：金莲栽培宜用富含有机质的砂质壤土，pH 值 5～6。

水肥：一般在生长期每隔 3～4 周施肥 1 次，每次施肥后要及时松土，改善通气性，以利根系发展。旱金莲喜湿怕涝，土壤水分保持 50% 左右，生长期间浇水要采取小水勤浇的办法，春秋季节 2～3 天浇水一次，夏天每天浇水，并在傍晚往叶面上喷水，以保持较高的湿度。开花后要减少浇水，防止枝条旺长，如果浇水过量、排水不好，根部容易受湿腐烂，造成叶片变黄脱落甚至全株萎蔫死亡。

光照：旱金莲喜阳光充足，不耐荫蔽，春、秋季节应放在阳光充足处培养，夏季适当遮阴，盛夏放在阴凉通风处。其花、叶趋光性强，栽培或观赏时要经常更换位置，使其均匀生长。

绑扎：由于旱金莲是缠绕半蔓性花卉，具较强的顶端生长优势，若要使其株型丰满，在小苗时，就要打顶使其发侧枝。打顶后，再给予肥水，一般 10 天左右发出的新枝就可达数厘米长。当植株长到高出盆面 15～20cm 时，需要设立支架，把蔓茎均匀地绑扎在支架上，并使叶片面向一个方向。支架的大小以生长后期蔓叶能长满支架为宜，一般高出盆面 20 cm 左右，随茎的生长及时绑扎，并注意蔓茎均匀分布在于支架上。在绑扎时，需进行顶梢的摘心，促使其多分枝，以达到花繁叶茂的优美造型。

花期控制：冬季和早春控制室温在 16～24℃ 的条件下，旱金莲可常年开花不断。还可以以播种期控制花期，如要在元旦、春节期间开花，可在上一年 8 月份播种；如果要在早春 2～3 月份开花，需在上一年 10 月份室内播种，室温保持 15℃ 左右，长有 3～4 片真叶时上盆即可达到目的；如果需在五一节赏花，可在上一年 12 月份于室内播种；如想在国庆节观花的，则在 5 月底 6 月初播种，高温季节及时遮阴或移至通风凉爽处生长。

繁殖方法：繁殖采用播种或扦插法。

（1）播种繁殖：播种于 8 ~ 10 月在温室进行，播前先将种子在40 ~ 45℃的温水中浸泡 24 小时，播后温度保持在 18 ~ 20℃，7 ~ 10天即可出苗，于翌年 5 月定植盆中。

（2）扦插繁殖：扦插繁殖于 4 ~ 6 月进行，选取嫩茎作插穗，去除下部叶片，插后遮阴，保持湿度，2 ~ 3 周可生根。

病虫害防治：旱金莲病虫害较少，主要有蚜虫、白粉虱、潜叶蛾，注意及时喷药防治。

景观用途：旱金莲茎叶优美，叶形如碗莲，花大色艳，观赏效果极佳。可盆栽、作观花地被，也可栽植于篱垣与山石上悬垂观赏，或是装饰阳台、窗台。

二十七、二月蓝

别称：诸葛菜、菜子花、紫金草。

科属：十字花科诸葛菜属。

形态特征：一、二年生草本植物。株高多为 30 ~ 50cm；茎直立且仅有单一茎；基生叶和下部茎生叶羽状深裂，叶基心形，叶缘有钝齿；总状花序顶生，着花 5 ~ 20 朵，花瓣中有幼细的脉纹，花多为蓝紫色或淡红色，随着花期的延续，花色逐渐转淡，最终变为白色，花期 4 ~ 5 月；果期 5 ~ 6 月，果实为长角果，圆柱形，具有条棱，内有大量细小的黑褐色种子，种子卵形至长圆形，果实成熟后会自然开裂，弹出种子。

分布：原产中国东北、华北及华东地区。

习性：

（1）耐寒性：耐寒性强，冬季常绿。又比较耐阴，用作地被，覆盖效果良好，叶绿葱葱，一片碧绿，使人喜爱。

（2）适生性：从东北、华北，直至华东、华中都能生长。冬季如遇重霜及下雪，有些叶片虽然也会受冻，但早春照样能萌发新叶、开花和结实。

养护要点：管理粗放，不需要多加养护。耐寒性、耐阴性较强，有一定散射光即能正常生长、开花、结实。对土壤要求不严，最好选择疏松肥沃且排水良好的砂质土壤。只要及时浇水、施肥，稍加管理即可健壮生长。一年施肥 4 次，即早春的花芽肥、花谢后的健壮肥、坐果后的壮果肥、入冬前的壮苗肥。如果在花蕾期和幼果期各进行一次叶面喷施 0.2% 磷酸二氢钾溶液，花色则更艳丽，果实将更饱满。

繁殖方法：以种子繁殖为主，自播繁衍能力强，植株枯后很快会有新落下的种子发芽长出新的植株苗。在不经翻耕的土壤上，人工撒播的种子也能成苗，并具较强的抗杂草能力。

病虫害防治：蚜虫、菜青虫、蜗牛、潜叶蝇等。若发现害虫，要及时进行药物防治。

景观用途：

（1）片植：可在公园、林缘、城市街道、高速公路或铁路两侧的绿化带大量应用，花开成片，绿化、美化效果俱佳。如用喷播方式进行高速公路边坡绿化，效果更好。自播繁衍的种子在 6 月中下旬能在上一代植株刚枯萎时就已长出新幼苗，所以，也就基本不会出现土地裸露，是一种极其良好的高速公路边坡绿化植物材料。

（2）作为花坛花卉：二月蓝的适应性强和早春开花等特性可用作早春花坛。紫色花，从下到上陆续开放，2～6 月开花不绝，尤其是大面积栽植时，就像一片蓝紫色的海洋。

花语：谦逊质朴、无私奉献。

二十八、角堇

别称：小三色堇。

科属：堇菜科堇菜属。

形态特征：多年生草本，常做一年生栽培。株高 10～30cm，茎较短而直立；叶互生，长卵形，基生叶近圆心形，叶缘有圆缺刻；花径 2.5～4cm，有白色、黄色、大红、橘红、堇紫色及复色等；花期 4～6 月。

分布：原产于北欧。

习性：喜凉爽环境，忌高温，耐寒性强；喜光，宜肥沃疏松、富含有机质的土壤。

养护要点：角堇在生长期每月施肥 1 次，开花后停止施肥。

繁殖方法：角堇一般用播种的方式进行繁殖，以秋季为宜。南方多秋播，北方春播，种子发芽适温约 15～20℃，气温高于 25℃ 会发芽不良。因角堇的种子细小，播种后用粗蛭石略为覆盖，约 1 周后发芽。大约 30 天后，叶片长到 3～4 片时，就可带土坨移植。

景观用途：角堇的株形较小，花朵繁密，开花早、花期长、色彩丰富，是布置早春花坛的优良材料，也可用于大面积地栽而形成独特的园林景观，还可作盆栽观赏。

二十九、花菱草

别称：加州罂粟、金英花、人参花、洋丽春。

科属：罂粟科花菱草属。

形态特征：多年生草本植物，常作一、二年生栽培。株形铺散或直立，株高 30～60 cm，全株被白粉，呈灰绿色；叶基生为主，茎上叶互生，多回三出羽状深裂，状似柏叶，裂片线形至长圆形；单花顶生具长梗，花瓣 4 枚，外缘波皱，黄至橙黄色；花期春季到夏初，花色有乳白、淡黄、橙、猩红、玫红、青铜、浅粉、紫褐等色；蒴果细长，种子椭圆状球形。

分布：原产于美国西部及墨西哥。

习性：耐寒力较强，喜冷凉干燥气候，不耐湿热，炎热的夏季处于半休眠状态，常枯死，秋后再萌发；属肉质直根系，需深厚疏松的土壤，要求排水良好。

养护要点：培养花菱草时应注重：①花菱草的主根较长，不耐移栽。在播种前施些腐熟的豆饼作基肥，将种子直接播于盆内。②果皮变黄后，应在清晨及时采收，否则种子极易散落。晾晒蒴果时，注重在容器上加盖玻璃，因为晒干后，果皮的爆裂非常剧烈，会将种子弹出容器外，这样不利于种子的采收。

摘心：在开花之前一般进行两次摘心，以促使萌发更多的开花枝条。上盆 1～2 周后，或者当苗高 6～10cm 并有 6 片以上的叶片时，把顶梢摘掉，保留下部的 3～4 片叶，促使分枝。在第一次摘心 3～5 周后，或当侧枝长到 6～8cm 长时，进行第二次摘心，即把侧枝的顶梢摘掉，保留侧枝下面的 4 片叶。进行两次摘心后，株形会更加理想，开花数量也多。

湿度管理：花菱草喜欢较干燥的空气环境，阴雨天过久，易受病菌侵染。怕雨淋，晚上保持叶片干燥。最适空气相对湿度为40%~60%。

温度管理：花菱草喜欢冷凉气候，忌酷热，耐霜寒，对冬季温度要求不是很严，只要不受到霜冻就能安全越冬；在春末夏初温度高达30℃以上时死亡，最适宜的生长温度为15~25℃。尽量选在秋冬季播种，以避免夏季高温。

光照管理：在晚秋、冬、早春三季，由于温度不是很高，就要给予它直射阳光的照射，以利于它进行光合作用和形成花芽、开花、结实。夏季若遇到高温天气，需要给它遮掉大约50%的阳光。开花后放在室内养护观赏的，要放在东南向的门窗附近，以尽可能地延长花期和增加开花数量。

肥水管理：花菱草对肥水要求较多，但最怕乱施肥、施浓肥和偏施氮、磷、钾肥，要求遵循"淡肥勤施、量少次多、营养齐全"和"间干间湿，干要干透，不干不浇，浇就浇透"的两个施肥（水）原则，并且在施肥过后，晚上要保持叶片和花朵干燥。花菱草的根肉质，怕水涝，在多雨季节，根颈部四周易发黑腐烂，因此露地栽培夏季要注重及时排水；盆栽浇水要适量。

繁殖方法：

（1）播种繁殖：一般采取秋播，于9月进行。华中、华南地区，可于秋季直接播于露地苗床；在华北地区可于早春在室内播种，一般采用盆播，播后维持温度在15~20℃，保持盆土湿润状态。若出现盆土变干，则用细喷壶喷水或采用"盆浸法"来满足水分的供应。

（2）扦插繁殖：通常结合摘心工作，把摘下来的粗壮、无病虫害的顶梢作为插穗，直接用顶梢扦插。

病虫害防治：花菱草生长期间易受白粉虱的危害，要注重以防为主，防治结合。

景观用途：花菱草茎叶嫩绿带灰色，花色鲜艳夺目，是良好的花带、花境和盆栽材料，也可用于草坪丛植。

三十、非洲凤仙

别称：苏氏凤仙。

科属：凤仙花科凤仙花属。

形态特征：多年生草本，常作一年生栽培。茎多汁，光滑，节间膨大，多分枝，在株顶呈平面开展；叶互生，卵形，有长柄，叶边缘钝锯齿状；花腋生，1～3朵，花径4～5cm，花形扁平，花色丰富，花期7～10月。

分布：原产非洲东部热带地区。现我国各地均有栽培，人工培育品种繁多。

习性：喜温暖、温润和半阴环境，不耐寒；不耐旱，怕水渍，宜疏松、肥沃、排水良好的土壤；耐修剪，在高温高湿环境下生长不良。

养护要点：幼苗长至3～4片真叶时就可移栽，移栽土壤必须高温消毒，否则幼苗容易发生病害。苗高7～8cm可定植。幼苗期生长适温为白天20～22℃，晚间16～18℃，还要注意通风，湿度不宜过高。生长期每半月施肥1次，花期增施2～3次磷钾肥。苗高10cm时，摘心一次，促使萌发分枝，形成丰满株态，多开花。花后要及时摘除残花，以免影响观赏性，若残花发生霉烂还会阻碍叶片生长。

繁殖方法：播种或扦插繁殖。

(1)播种繁殖：室内栽培时，全年均可播种。非洲凤仙种子细小，用消毒的培养土、腐叶土和细沙混合的土播种。发芽适温为22℃，播后15～20天发芽。出苗后应控制浇水，通风，见光炼苗，以减少病害发生。

(2)扦插繁殖：扦插繁殖适宜小量繁殖及重瓣花繁殖，全年可以进行。剪取生长充实的健壮顶端枝条，长10～12cm，插入沙床，保持室温在20～25℃，插后20天可生根，30天可盆栽。

病虫害防治：

病害：常有叶斑病、茎腐病等危害，可用50%多菌灵可湿性粉剂1000倍液喷洒防治。

虫害：主要有蚜虫危害，用10%除虫精乳油3000倍液喷杀。

景观用途：非洲凤仙叶片亮绿，花朵繁密，色彩绚丽，全年开花不断，常用于布置花坛、花境及花带，也是优良的盆栽花卉，广泛用于栽植箱、吊盆和制作花球、花墙、花柱等，还可装饰窗台、阳台。

三十一、孔雀草

别称：小万寿菊、红黄草、臭菊花。

科属：菊科万寿菊属。

形态特征：一年生草本。株高 30～100cm；茎直立，通常近基部分枝，分枝斜开展；叶对生或互生，羽状分裂；头状花序单生，单瓣或重瓣；舌状花金黄色或橙色，带有红色斑；管状花花冠黄色，具 5 齿裂；花期 7～9 月；瘦果线形，基部缩小，黑色，被短柔毛。

分布：原产墨西哥及美洲地区，我国各地常有栽培。

习性：适应性强，耐寒耐旱，忌多湿；喜阳光充足也稍耐阴，喜温暖，不耐高温酷暑；管理粗放，耐移植，可自播繁衍。

养护要点

中耕除草：定植后要及时中耕除草，以防止土壤板结及杂草丛生。由于中耕加深，促使根系向深处生长，一般封行前中耕 2～3 次，封行后一般无杂草，地面水分蒸发减少，不需中耕。

施肥：前期勤施薄施，以 N 肥为主，每 7 天 1 次；在生长旺盛期，花芽分化形成到现蕾期，每周喷施叶面肥 1 次；在花蕾欲放时停止施肥。

光照：孔雀草是短日照植物，在秋后的短日照条件下不会长高，只能地下分蘖，必须延长光照时间，把地上茎拉高。

繁殖方法：

（1）播种繁殖：孔雀草播种可在 11 月至翌年 3 月间进行，播种后约 1 个月即可挖苗上盆定植。冬春播种的 3～5 月开花。

（2）扦插繁殖：扦插繁殖可于 6～8 月间进行，剪取长约 10cm 的嫩枝直接插于苗床或花盆中，遮阴覆盖，其成活率高、生长迅速。夏秋扦插的 8～12 月开花。

病虫害防治:

(1)根腐病:可用甲基托布津 800 倍液灌根防治。

(2)红蜘蛛:可加强栽培管理,在虫害发生初期可用 20% 三氯杀螨醇乳油 500~600 倍液进行喷药防治。

景观用途:孔雀草花期长,花色鲜艳,宜作花坛边缘材料或花丛、花境等栽植,也可盆栽观赏或作切花材料。

花语:爽朗阳光。

三十二、千日红

别称:火球花、千年红。

科属:苋科千日红属。

形态特征:一年生草本。株高 20~60cm;茎直立,粗壮、有分枝,枝略呈四棱形,有灰色糙毛;叶对生,叶片纸质,长椭圆形或矩圆状倒卵形,顶端急尖或圆钝;头状花序单生于枝顶,花小,多数而密生,常紫红色,有时淡紫色或白色;花被片披针形,不展开,顶端渐尖,外面密生白色绵毛;花期 7~10 月;种子肾形,棕色、光亮。

分布:原产亚洲热带地区,现各地广泛栽植。

习性:性强健,喜阳光充足,耐干热、耐旱,不耐寒;对土壤要求不严。

养护要点:千日红对环境要求不严,但喜阳光充足、炎热干燥环境;耐修剪,花后修剪可再萌发新枝,继续开花;不耐寒,耐高温,忌积水,生长适温为 20~25℃,在 35~40℃ 范围内生长也良好,冬季温度低于 10℃ 以下植株生长不良或受冻害。

繁殖方法:

(1)播种繁殖:于 9~10 月采种,4~5 月播种,6 月定植。播种适温为 20~25℃。因种子满布毛茸,因此出苗迟缓,为促使其快出苗,播种前要进行催芽处理。选用阳光充足、地下水位高、排水良好、土质疏松肥沃的砂质壤土地块作为苗床,播后略覆土,10~15 天可以出苗。

(2)扦插繁殖:于 6~7 月间进行,剪取健壮枝梢,长 4~6cm,

带 3~4 个节为宜，将插入土层的节间叶片剪去，以减少叶面水分蒸发。插入沙床后，温度控制在 20~25℃，插后 18~20 天可移栽上盆。

病虫害防治：

（1）叶斑病：叶面病斑近圆形，叶尖或叶缘病斑半圆形至不定形，污褐色至灰褐色，较圆斑为大，斑面易破裂、脱落。防治方法：①收集染病植株并烧毁。②增施磷钾肥，勿偏施过施氮肥。③发病初期及时喷药控病，可喷施25%腈菌唑乳油8000倍液2~3次，每2周1次。

（2）猝倒病：苗期露出土表的胚茎基部或中部呈水渍状，后变为黄褐色缢缩，幼苗即突然猝倒、枯死。防治方法：用50%的可湿性甲基托布津或50%的多菌灵 800~1000 倍液喷洒。

（3）蚜虫：植株染病后叶片皱缩、卷曲、畸形。防治方法：用杀扑磷 800 倍液喷杀。

景观用途：千日红花期长，花色鲜艳，是布置花坛、花境的常用材料，可盆栽观赏，还可作花圈、花篮等装饰品。

花语：永恒的爱、不朽的恋情。

三十三、银边翠

别称：高山积雪、象牙白。

科属：大戟科大戟属。

形态特征：一年生草本。株高 50~80cm；根纤细，极多分枝，长可达20cm 以上；全株具柔毛，茎、叶具乳汁，有毒；茎直立，自基部向上极多分枝；叶互生，卵形至椭圆形，先端钝，绿色，全缘，无柄，入夏后叶片边缘或叶片全部变为银白色；花小，顶端 3 朵簇生；花果期6~9 月，观叶期7~8 月。

分布：原产北美，现各地多有栽培。

习性：喜温暖向阳之处，耐旱，不耐寒；对土壤要求不严，宜疏松肥沃的土壤；能自播繁衍。

养护要点：

摘心：在开花之前一般要进行两次摘心，以促使萌发更多的开花枝条。上盆 1~2 周后，把顶梢摘掉，保留下部的 3~4 片叶，促使分枝。在第一次摘心 3~5 周后，进行第二次摘心，即把侧枝的顶梢摘掉，保留侧枝下面的 4 片叶。

湿度：银边翠喜较高的空气湿度，最适空气相对湿度为 65%~75%。空气湿度过低，会加快单花凋谢；忌雨淋，晚上需要保持叶片干燥。

温度：银边翠喜温暖气候，忌酷热，在夏季温度高于 34℃ 时明显生长不良；不耐霜寒，在冬季温度低于 4℃ 以下时进入休眠或死亡。最适宜的生长温度为 15~25℃。

光照：春、夏、秋三季需要在遮阴条件下养护。气温较高时放置于直射阳光下，叶片会明显变小，枝条节间缩短，脚叶黄化、脱落，生长十分缓慢或进入半休眠的状态。在冬季，由于温度不是很高，就要给予直射阳光的照射，以利于进行光合作用和形成花芽。

施肥：对肥水要求较多，但要求遵循"淡肥勤施、量少次多、营养齐全"的施肥原则。

繁殖方法：播种、扦插繁殖均可，但以播种为主。

（1）播种繁殖：春季播种一般是在 3 月下旬~4 月中旬进行。将苗床整细，耙平，浇足水，然后将种子均匀地撒播于苗床。覆土后，盖上塑料薄膜以保温、保湿。温度保持 20℃ 左右，约 1 周即可出芽。

（2）扦插繁殖：在生长季节进行，插穗必须剪取嫩枝部分，且生长健壮。插穗长 10cm 左右，削平口；将插穗直接插入土中，深 3~4cm。银边翠茎内含有乳液，因此插后不能立即浇水，否则易导致插入土中的部分腐烂，应待乳液被吸干后，方可浇水，或插前蘸草木灰。插后用塑料薄膜进行覆盖，放于阴凉处，要求湿度在 95% 以上，约 10 天即可生根。

病虫害防治：银边翠生长健壮，少有病虫害发生。

景观用途：银边翠是夏季良好的观赏植物，适宜布置花丛、花坛、花境，也可盆栽观赏，还可作切花材料。

三十四、地肤

别称：地麦、扫帚苗、扫帚菜。

科属：藜科地肤属。

形态特征：一年生草本。株高 50～100cm，根略呈纺锤形；茎直立，圆柱状，淡绿色或带紫红色，有多数条棱，稍有短柔毛或下部几无毛，茎基部半木质化；株丛紧密，株形呈卵圆至圆球形、倒卵形或椭圆形，分枝多而细，具短柔毛；单叶互生，披针形或条状披针形，无毛或稍有毛，先端短渐尖，基部渐狭入短柄；花小，两性或雌性，通常 1～3 个生于上部叶腋，构成疏穗状圆锥花序，红色或褐红色，花期 6～9 月；果实扁球形，果皮膜质，种子卵形，黑褐色，果期 7～10 月。

分布：原产欧洲及亚洲中部和南部地区，现我国各地多有栽培。

习性：喜光、喜温暖，不耐寒，极耐炎热；耐盐碱、干旱和瘠薄；能自播繁衍。

繁殖方法：播种繁殖。宜直播，4 月初将种子播于露地苗床，发芽迅速，整齐。

景观用途：地肤株形圆润整齐，枝叶嫩绿纤细，常用作镶边材料，或丛植、片植作地被植物，也可盆栽观叶。

三十五、观赏辣椒

别称：朝天椒、五色椒、佛手椒、樱桃椒。

科属：茄科辣椒属。

形态特征：多年生草本，常作一年生栽培。株高 20～50cm；根系发达，茎直立，茎部半木质化，分枝能力强；单叶互生，全缘，卵圆形；花小，单生叶腋，具花梗，白色，花期 7 月至霜降；浆果，幼果绿色，成熟后有红色、黄色或带紫色。

分布：原产南美。

习性：喜阳光充足、温暖的环境，怕霜冻、忌高温；喜湿润、肥沃的土壤，耐肥，不耐寒，能自播繁衍。

养护要点：观赏辣椒分枝力强，栽培过程中应用矮竹扎稳主干，修剪侧枝，促进通风透光，提高坐果率。属短日照植物，对光照要求不严，但光照不足会延迟结果期并降低结果率，高温干旱强光直射易发生果实日灼或落果，结果期要求干燥空气，雨水多则授粉不良，果实发育适温为 25 ~ 28℃。

繁殖方法：播种繁殖。春播为 1 ~ 2 月中旬，秋播为 8 ~ 10 月。种子用 50 ~ 55℃ 的温水浸种 15 分钟，取出用清水浸种 3 ~ 4 小时，捞起后用干净的湿布包好置于 25 ~ 30℃ 的温度下催芽，待种子"露白"时即可播种。当幼苗长至 6 ~ 8 片真叶可移栽定植。

病虫害防治：

(1) 病毒病：防治病毒病一是要防治蚜虫，二是发病后要及时喷药，可用 1.5% 植病灵乳油 1000 倍液或 20% 病毒 A 可湿性粉剂 500 倍液喷雾防治。

(2) 疫病：高温天气减少灌水可降低疫病发病率，发病后用 25% 甲霜灵可湿性粉剂 500 倍液或 72% 霜霉疫净可湿性粉剂 1000 倍液喷雾防治。

(3) 白粉病：用 15% 粉锈宁可湿性粉剂 1000 倍液喷雾防治。

(4) 虫害：主要有蚜虫、害螨等，防治的关键是尽早发现，及时喷药防治。

景观用途：观赏辣椒果实丰富，色泽艳丽，可盆栽观赏，也可布置花坛、花境。

三十六、硫华菊

别称：黄秋英、硫黄菊、黄芙蓉。

科属：菊科秋英属。

形态特征：一年生草本植物。株高 1 ~ 2m；多分枝，叶对生，二回羽状复叶，深裂，裂片呈披针形，有短尖，叶缘粗糙；头状花序顶生，花色多为纯黄、金黄、橙色等，花期 6 ~ 8 月；瘦果，棕褐色，坚硬，粗糙有毛，顶端有细长喙。

分布：原产于墨西哥。

习性：喜光、喜温暖，不耐寒，忌酷热；耐干旱瘠薄，喜排水良好的砂质土壤；性强健，易栽培；能自播繁衍。

养护要点：硫华菊耐贫瘠砂质土壤，适宜土壤 pH 值为 6.0 ~ 8.5，繁殖期间喜阳光充足的环境，也耐半阴。耐旱能力强，不易受病虫侵害，生长期每半月施肥 1 次，但不宜过量，否则枝叶徒长，影响开花。植株长高后，设立支柱，防止倒伏。种子陆续成熟，容易脱落，需及时采收。

繁殖方法：播种繁殖和扦插繁殖。

（1）播种繁殖：播种繁殖发芽需 2～3 周，发芽快而整齐，最适温度为 24℃，发芽 50～60 天后开花。播种后注意及时间苗，幼苗具4～5 片真叶时摘心，并进行移植或盆栽。

（2）扦插繁殖：扦插繁殖于初夏进行，用嫩枝作插条，插后15～20 天可生根。

景观用途：硫华菊花大、色艳，植株高低错落，宜丛植或片植；也可利用其能自播繁衍的特点，与其它多年生花卉一起，布置花境、草坪及林缘。植株低矮紧凑，花头较密的矮生品种，可用于花坛布置或作切花材料。

花语：野性美。

三十七、麦秆菊

别称：蜡菊、贝细工。

科属：菊科蜡菊属。

形态特征：一年生草本植物。株高 50～100cm，全株具微毛；茎直立，粗壮，多分枝；叶互生，长椭圆状披针形，全缘，叶柄短；头状花序单生于主枝或侧枝的顶端，总苞苞片多层，呈覆瓦状，外层椭圆形呈膜质，干燥具光泽，形似花瓣，有白、粉、橙、红、黄等色，管状花位于花盘中心，黄色，花期 7～9 月；瘦果小棒状，或直或弯，上具 4 棱，果熟期 9～10 月。

分布：原产澳大利亚，各地多有栽培。

习性：喜光、喜温暖，不耐寒、怕暑热，夏季生长停止，多不能开花；喜肥沃、湿润而排水良好的土壤。

养护要点：为促使麦秆菊多发分枝，多开花，生长期可摘心 2～3 次；定植后至开花期间，施 2 次腐熟的人粪尿或豆饼液肥，浓度20% 为宜；花期前追肥次数不能太多，肥量不能过大，否则开花虽多，但花色不艳。夏天遇干旱天气，早晚要各浇一次水，秋天保持土壤内一定的湿度，以利结果良好。

繁殖方法：

（1）播种繁殖：3~4月间进行，发芽适温为15~20℃，约7天出苗。

（2）扦插繁殖：通常结合摘心工作，把摘下来的粗壮、无病虫害的顶梢作为插穗，进行扦插繁殖。

病虫害防治：

（1）锈病：麦秆菊锈病有黑锈病、白锈病、褐锈病等，都是病菌孢子传染的，天气潮湿时容易发病。防治方法：①选用抗病良种；繁殖时母本植株应保证无病虫害，扦插时用代森锰锌溶液浸泡插穗，可预防插穗带菌传播。②加强栽培管理，避免密植，加强通风透光，控制肥水，不使土壤过于潮湿。③控制病害蔓延，一旦发现病叶、病枝要及时剪除，花后要彻底清除病株叶，并集中烧毁，消灭侵染源。④早春发芽前，喷波美3~4度石硫合剂；发病期间喷洒80%代森锰锌500倍液、25%粉锈宁可湿性粉剂1500倍液或75%百菌清可湿性粉剂500倍液，每7~10天喷1次，交替使用，连喷3~4次，可达到良好防治效果。

（2）白粉病：主要危害叶及茎，受害叶片上呈白色粉末状病斑，由点成片，如同白霜，严重时叶片变形，停止生长，植株凋萎。防治方法：①注意通风透光，行距不能过密，土壤湿度不能过高。②摘除早期病叶烧毁。③7~8月发病前喷施50%可湿性托布津800~1000倍液、50%代森铵1000倍液或0.2%~0.5%石硫合剂，每周1次，连续喷施4~5次。

景观用途：麦秆菊苞片色彩艳丽，因含硅酸而呈膜质，干后有光泽，花形经久不变不褪，是做干花的重要植物材料，也可布置花坛、花境或丛植于林缘。

花语：永恒的记忆、刻画在心。

三十八、石竹

别称：洛阳花、中国石竹。

科属：石竹科石竹属。

形态特征：多年生草本，常作一、二年生栽培。株高30~50cm，全株无毛，带粉绿色；茎由根颈生出，疏丛生，直立，上部分枝；叶对生，线状披针形，顶端渐尖，基部稍狭，全缘或有细小齿；花单生枝端或数花集成聚伞花序，有白、鲜红、紫红、粉红等色，花期4~5月；蒴果圆筒形，种子黑色，扁圆形，果期7~9月。

分布：原产中国。

习性：喜阳光充足，不耐阴；喜凉爽湿润气候，耐寒、耐干旱，不耐酷暑；要求肥沃、疏松、排水良好的土壤，忌水涝。

养护要点：石竹花日开夜合，若上午光照强，中午适度遮阴，则可延长观赏期，并使之不断抽枝开花。生长适温为15~20℃，生长期要求光照充足，但要避免烈日暴晒，温度高时要遮阴、降温。浇水应掌握不干不浇。整个生长期要追肥2~3次腐熟的人粪尿或饼肥。要想多开花，可摘心，令其多分枝，必须及时摘除腋芽，减少养分消耗，石竹花修剪后可再次开花。

繁殖方法：常用播种、扦插和分株繁殖。

(1)播种繁殖：播种繁殖一般在9月份进行。播种于露地苗床，播后保持土壤湿润，播后5天即可出芽，10天左右即出苗；种子发芽最适温度为21~22℃，苗期生长适温为10~20℃；当苗长出4~5片叶时可移植，翌春开花。

(2)扦插繁殖：扦插繁殖在10月至翌年3月进行间进行，剪取5~6cm长的嫩枝作插条，插后15~20天可生根。

(3)分株繁殖：分株繁殖可在早春或秋季进行，多在花后利用老株分株。例如可于4月份分株，夏季注意排水，9月份以后加强肥水管理，可于10月初再次开花。

病虫害防治：

(1)锈病：在生长季节，当新叶展开后，可选用25%粉锈宁1500~2000倍液或50%代森锰锌500倍液喷雾，每隔7~10天1次，连续防治2~3次。

(2)红蜘蛛：可喷施螨危4000~5000倍液或三氯杀螨醇乳油1000~1500倍液进行防治。

景观用途：石竹观赏期较长，株型低矮，花色丰富，可用于花坛、花境、花台，也可用于岩石园和草坪边缘点缀，还可盆栽观赏及作切花材料。

花语：纯洁的爱、才能、大胆、女性美。

三十九、矢车菊

别称：蓝芙蓉、翠兰、荔枝菊。

科属：菊科矢车菊属。

形态特征：一、二年生草本。株高 30～70cm；茎直立，自中部分枝，极少不分枝，全部茎枝灰白色，被薄蛛丝状卷毛；基生叶长椭圆状倒披针形或披针形，全缘或边缘疏锯齿至大头羽状分裂，侧裂片 1～3 对，有柄；中部茎叶线形、宽线形或线状披针形，顶端渐尖，基部楔状，无叶柄；头状花序单生，边花增大，超长于中央盘花，蓝色、白色、红色或紫色，盘花浅蓝色或红色；瘦果椭圆形，花果期 2～8 月。

分布：原产欧洲东南部，现各地多有栽培。

习性：适应性较强，喜欢阳光充足，不耐阴湿；较耐寒，喜冷凉，忌炎热；喜肥沃、疏松和排水良好的砂质土壤；能自播繁衍。

养护要点：因矢车菊为直根系，不耐移植，移植时必须带上较大的土团；其茎秆细弱，容易倒伏，因此定植距离不宜过密，要防止生长过密、通风不良而引起倒伏。幼苗期需打顶摘心，促使多分枝并使植株矮化、株形优美。生长期每 20 天追施 1 次液肥，但要注意不宜多施氮肥，应适当多施些磷、钾肥，使茎秆坚挺，花色鲜艳。浇水要适量，不可过多，雨季一定要注意及时排水，否则会造成烂根，影响植株的正常生长。矢车菊能自然发出侧枝，侧枝多则花朵较小，必要时可摘去部分侧芽，只留较小的分枝，则可获得较大的花朵。

繁殖方法：春、秋均可播种繁殖，以秋播为好。播种后覆土，覆土厚度以不见种子为度，稍加压实，浇足水，经常保持土壤湿润。幼苗长至 6～7 片小叶时，可移栽或定植，株距约 30cm。

病虫害防治：

菌核病：此病主要危害茎基部，在气温较高的情况下，茎部往往出现水渍状浅褐色斑，病情严重则患处变为灰白色，导致组织腐烂，植株上部茎叶枯萎。防治方法：①避免植株栽种过密，发现病株立刻拔掉，集中焚烧。②病情严重时，可用70%的甲基托布津可湿性粉剂1000倍液喷洒植株中下部。

景观用途：矢车菊株型飘逸，花姿优美，观赏性强。高型品种植株挺拔，花梗长，适于作切花，也可作花境材料；矮型品种可用于花坛、草地镶边或盆栽观赏。

花语：纤细、优雅、遇见和幸福。

四十、向日葵

别称：朝阳花、向阳花、望日莲。

科属：菊科向日葵属。

形态特征：一年生草本。株高1~3m；茎直立，粗壮，圆形多棱角，被白色粗硬毛；叶互生，心状卵形或卵圆形，先端锐突或渐尖，有基出3脉，边缘具粗锯齿，两面粗糙，被毛，有长柄；头状花序，极大，直径10~30cm，单生于茎顶或枝端，常下倾；总苞片多层，叶质，覆瓦状排列，被长硬毛；花序边缘生黄色的舌状花，不结实，花序中部为两性的管状花，棕色或紫色，结实；花期夏季；瘦果，倒卵形或卵状长圆形，稍扁压，果皮木质化，灰色或黑色，俗称葵花籽。

分布：原产北美，约在明朝时引入中国，现各地多有栽培。

习性：喜阳光充足，耐旱；喜温暖，不耐寒；对土壤要求不严，耐瘠薄、盐碱，宜深厚肥沃、排水良好土壤。

养护要点：

水分：向日葵植株高大，叶多而密，是耗水较多的植物，不同生育阶段对水分的要求差异很大。从播种到现蕾期，比较抗旱，需水不多，仅为总需水量1.9%，适当干旱有利于根系生长，增强抗旱性；现蕾到开花期，是需水高峰，需水量约占总需水量的43%，如过于干旱，需灌水补充；开花到成熟期，需水量也较多，约占总水量38%，如果水分不足，不仅影响产量，而且还降低油脂含量。

光照：向日葵喜充足的阳光，其幼苗、叶片和花盘都有很强的向光性。幼苗期日照充足，幼苗生长健壮且能防止徒长；生育中期日照充足,能促进茎叶生长旺盛,正常开花授粉,提高结实率;生育后期日照充足,则子粒充实饱满。

繁殖方法:播种繁殖。3~4月份进行播种,以泥炭土为宜,点播,覆土厚约1cm;播种的适宜温度为18~25℃,出芽时间为5~7天,播后50~80天左右开花。

病虫害防治:

白粉病:发病时叶片上生白色圆形粉状斑,扩大后连成一片,以后白粉层上又生褐色小点,植株生长停止。防治方法:①加强管理,合理浇水,通风透光,喷洒保护性杀菌剂进行预防。②及时清除病叶和残株,集中烧毁。③发病初期,可用50%甲基托布津可湿性粉剂500倍液喷洒。

虫害:危害向日葵的害虫有蚜虫、盲蝽、红蜘蛛和金龟子等,可用40%氧化乐果乳油1000倍液进行喷雾防治。

景观用途:向日葵花朵硕大,花色明艳,品种繁多,观赏性强。中高品种用作花境、切花材料,矮生品种可布置花坛或盆栽观赏。

花语:沉默的爱、爱慕。

四十一、羽衣甘蓝

别称:叶牡丹、牡丹菜。

科属:十字花科芸薹属。

形态特征:二年生草本。株高30~40cm,根系发达;茎短缩,基部木质化;叶基生,叶片肥厚,倒卵形,被有蜡粉,深度波状皱褶,叶色丰富,边缘叶有翠绿色、深绿色、灰绿色、黄绿色等,中心叶则有纯白、淡黄、肉色、玫瑰红、紫红等;主要观叶期为冬季;总状花序顶生,花期4~5月;果实为角果,扁圆形,种子圆球形,褐色。

分布:原产西欧,现我国各地广泛栽培。

习性:喜冷凉气候,耐寒;喜阳光充足,忌高温多湿;耐盐碱,宜疏松、肥沃的砂质壤土。

养护要点:羽衣甘蓝的生长适温为20~25℃;对土壤要求不严,在钙质丰富、pH值为5.5~6.8的土壤中生长最旺盛。

繁殖方法：播种繁殖。播种时间为7月中旬~8月上旬，种子发芽的适宜温度为18~25℃，定植期为8月中下旬。

病虫害防治：

（1）蚜虫：蚜虫繁殖力很强，常群聚在叶片及嫩茎吸食汁液。防治方法：在蚜虫刚发生时，可喷施40%氧化乐果1000~1500倍液，或辛硫磷乳剂1000~1500倍液。

（2）卷叶蛾：俗称卷叶虫，以其幼虫卷叶危害，常将叶片用丝卷起，躲藏在其中咬食。防治方法：①清理场地，消灭越冬虫体。②及时摘除卷叶中的幼虫。③喷施50%杀螟松1000~1500倍液，或50%辛硫磷乳剂1000~1500倍液。

（3）菜青虫：其成虫于叶背、叶面处取食，使叶片边缘呈缺刻状。防治方法：①人工捕捉幼虫。②及时喷施50%杀螟松1000~1500倍液，或50%辛硫磷乳剂1000~1500倍液。

景观用途：羽衣甘蓝为冬季及早春花坛的重要材料，其观赏期长，叶色极为鲜艳，也可盆栽观赏，高型品种可作切花材料。

花语：利益、华美、祝福、吉祥如意。

四十二、蓝花鼠尾草

别称：粉萼鼠尾草、一串蓝。

科属：唇形科鼠尾草属。

形态特征：多年生草本，常作一年生栽培。株高30~60cm，全株被短柔毛；茎多分枝，下部略木质化；叶对生，卵形；总状花序顶生，花萼管状钟形，青蓝色，7~9月。

分布：原产北美南部地区。

习性：喜温暖不耐寒；喜阳光充足，不耐阴；宜在疏松、肥沃且排水良好的土壤中生长。

养护要点：生长期施用稀释1500倍的硫铵，以改变叶色，效果较好。低温下不要施用尿素。

繁殖方法：播种或扦插繁殖。可根据需要随时播种，一般是1~2月中旬播种，"五一"应用，7月中旬播种，"十一"应用。

景观用途：蓝花鼠尾草花序美观，花色雅致，适宜布置花坛、花境，可盆栽观赏，也可点缀山石或丛植于林缘空地。

四十三、香彩雀

别称：夏季金鱼草。

科属：玄参科香彩雀属。

形态特征：多年生草本，常作一年生栽培。株高 30~60cm，全株被腺毛；叶对生或上部互生，无柄，披针形或条状披针形；花单生叶腋，花瓣唇形，上方 4 裂，花色有紫、粉、白等，花期 7~9 月。

分布：原产南美。

习性：喜光、喜温暖；耐高温，不耐寒；喜疏松肥沃、排水良好的土壤。

养护要点：香彩雀分枝性好，整个过程不需摘心。播种到开花需 3~4 个月，生长适温为 18~26℃。

繁殖方法：播种繁殖。播后不需覆盖，发芽温度为 20~24℃。

景观用途：香彩雀花型小巧，花色淡雅，观赏期长，常用于布置花坛、花境，也可盆栽观赏。

四十四、茑萝

别称：羽叶茑萝、五角星花。

科属：旋花科茑萝属。

形态特征：一年生缠绕草本。蔓长 6~7m，茎细长光滑；叶互生，羽状细裂，裂片线形；聚伞花序腋生，花小，花冠高脚碟状，深红色，外形似五角星，花期 7~9 月；蒴果卵圆形，种子黑色，有棕色细毛，果熟期 9~11 月。

分布：原产美洲热带地区，现各地广泛栽植。

习性：喜光照充足的温暖环境，耐寒、耐旱，对土壤要求不严，耐瘠薄；能自播繁衍。

养护要点：茑萝生长量大，应施足底肥，撒匀，深翻；及时浇水可促使茎叶生长，但注意不要疯长以免延迟开花。前期需人工辅助引蔓到棚架、篱笆、树上或其它支架上，中后期植株具有很强的攀援能力，除了作造型外可任其攀援缠绕。

繁殖方法：播种繁殖。春季在保护地育苗，终霜后定植露地的育苗天数为 45 天左右，不可太长，否则秧苗长出的藤蔓会缠绕在一起。

景观用途：茑萝叶片纤细秀丽，是庭院花架、花篱的优良植物，还可作地被植物，不设支架，随其爬覆地面，也可进行盆栽观赏，搭架攀援，整成各种形状。

四十五、皇帝菊

别称：黄帝菊。

科属：菊科蜡菊属。

形态特征：一年生草本。株高 30~50cm；叶对生，阔披针形至长卵形，先端渐尖，边缘有锯齿；头状花序顶生，黄色，花期 6~11 月。

分布：原产中美洲，各地多有栽培。

习性：喜光、喜温暖，不耐寒；对土壤要求不严，耐瘠薄；能自播繁衍。

养护要点：皇帝菊分蘖性强，生长过高或盛花过后，采用齐头式的方法进行修剪，将全部的枝叶剪去 1/3，同时补充肥料，可促进重新生长和开花，而且同时也能矮化植株。

繁殖方法：播种繁殖。可直播，发芽适温为 15~20℃。

景观用途：皇帝菊枝叶繁密，花开灿烂，常用作地被及布置花坛、花境，也可盆栽或与其它花卉组合栽植。

第二节　宿根花卉

一、飞燕草

别称：大花飞燕草、鸽子花、百部草、千鸟花。

科属：毛茛科翠雀属。

形态特征：多年生草本。株高 35~65cm；全株被柔毛，茎具疏分枝；叶互生，掌状深裂；叶片圆肾形，三全裂；总状花序，花期8~9月；蓇葖果3个聚生，果期9~10月。

分布：原产于欧洲南部，我国各地均有栽培。生于山坡、草地、固定沙丘等处。

习性：喜凉爽、通风、日照充足的干燥环境；较耐寒、喜阳光、怕暑热、忌积涝，宜在深厚肥沃和排水通畅的砂质土壤上生长。

养护要点：雨天应注意排水。栽前施足基肥，追肥以氮肥为主。老龄植株生长势衰弱，2~3年需移栽1次。植株高大，易倒伏或弯曲，需支撑固定。果熟期不一致，熟后自然开裂，故应及时采收。

繁殖方法：飞燕草为直根性植物，须根少，宜直播，移植带土团。

(1)分株繁殖：春、秋季均可进行。

(2)扦插：春季新芽长至15~18cm时扦插，生根后移栽，也可于花后取基部的新枝扦插。

(3)播种繁殖：春季多在3~4月份进行，发芽适温15℃左右。秋播在8月下旬至9月上旬，先播入露地苗床，入冬前进入冷床或冷室越冬，春暖定植。2~4片真叶时移植，4~7片真叶时进行定植。

病虫害防治：常见病害有黑斑病、根颈软腐病等。

景观用途：飞燕草花形别致，色彩淡雅。可丛植，栽植花坛、花境，也可用作切花。

花语：清静、轻盈、正义、自由。

蓝色飞燕草：抑郁。

紫色飞燕草：倾慕、柔顺。

白色飞燕草：淡雅。

粉红色飞燕草：诗意。

二、金鸡菊

别称：小波斯菊、金钱菊、孔雀菊。

科属：菊科金鸡菊属。

形态特征：多年生宿根草本。叶片多对生，稀互生，全缘、浅裂或切裂；花单生或圆锥花序，总苞两列，每列3枚，基部合生；舌状花1列，宽舌状，呈黄、棕或粉色；管状花黄色至褐色。

习性：金鸡菊类耐寒耐旱，对土壤要求不严，喜光，但耐半阴，适应性强，对二氧化硫有较强的抗性。

养护要点：欲使金鸡菊开花多，于花后摘去残花，7~8月追一次肥，国庆节即可花繁叶茂。

繁殖方法：栽培容易，常能自播繁衍。生产中多采用播种或分株繁殖，夏季也可进行扦插繁殖。播种繁殖一般在8月进行，也可4月底露地直播，7~8月开花，花陆续开到10月中旬。二年生的金鸡菊，早春5月底6月初就开花，一直开到10月中旬。

景观用途：枝叶密集，尤其是冬季幼叶萌生，鲜绿成片。春夏之间，花大色艳，常开不绝。还能自播繁衍，是极好的疏林地被。可观叶，也可观花。在屋顶绿化中作覆盖材料效果极好，还可作花境材料。

花语：竞争心、上进心。

三、美丽月见草

别称：夜来香、待霄草。

科属：柳叶菜科月见草属。

形态特征：多年生草本。株高40~60cm，根圆柱状；茎直立，被长绵毛，幼苗期枝多侧卧而后上升；叶互生，茎下部叶有柄，上部的叶无柄，叶片长圆状或披针形，边缘有疏细锯齿，两面被白色柔毛；花单生于枝端叶腋，排成疏穗状，花白至粉红色，花径达8cm以上，花期4~7月；蒴果圆筒形，外被白色长毛，成熟后自然开裂；种子小，棕褐色，呈不规则三棱状。

分布：原产美国南部，我国各地栽培应用广泛。

习性：喜光，稍耐阴；耐寒，不耐热；耐旱，忌积水；适应性强，对土壤要求不严，一般在中性、微碱或微酸性及排水良好、疏松肥沃的土壤上均能生长。

繁殖方法：春季或秋季播种育苗。种子播种后，土壤要保持湿润，播种后10~15天，种子即可萌发。若土壤太湿，根易得病。

景观应用：美丽月见草株丛紧凑，花大色雅，具有非常强的自播繁衍能力，宜在林缘、湖边及开阔的草坪丛植或片植，也可布置花坛、花境；因其在傍晚开放，夜幕中色彩更显明丽，所以也是极好的夜花园植物材料。

四、山桃草

别称：千鸟花、白桃花、玉蝶花。

科属：柳叶菜科山桃草属。

形态特征：多年生草本。株高 60~100cm，粗壮，常丛生；茎直立，多分枝，入秋变红色，全株具粗毛；叶无柄，椭圆状披针形或倒披针形，长 3~9cm，先端锐尖，基部楔形，边缘具波状齿，外卷，两面皆疏生柔毛；穗状花序或圆锥花序顶生，细长而疏散，花两侧对称，花瓣水平排向一侧，花白色，花期 5~9 月；蒴果坚果状，狭纺锤形，熟时褐色，具明显的棱，果期 8~9 月；种子 1~4粒，有时只部分胚珠发育，卵状，淡褐色。

分布：原产北美，我国北京、山东、浙江、江西等多地都有栽植应用。

习性：耐寒、耐旱，喜凉爽及半湿润气候，要求阳光充足；宜肥沃、疏松及排水良好的砂质土壤。

繁殖方法：播种、扦插或分株繁殖。

播种繁殖：春播、秋播均可，发芽适温为 15~20℃，生长强健。

养护要点：山桃草养护管理简便，对水肥条件要求不严格，花后及时剪除残花可以延长开花时间。

景观用途：山桃草花朵形似山桃花，株形飘逸，姿态优美，观赏性强，宜作花坛、花境用材料，也可在路旁或林缘丛植及群植，还可盆栽或点缀草坪。

五、蓍草

别称：锯齿草、蜈蚣草、羽衣草。

科属：菊科蓍草属。

形态特征：多年生草本。株高 50~100cm，有短的根状茎；茎直立，全株密被柔毛，不分枝或有时上部分枝，叶腋常有不育枝；叶互生，无柄，披针形，缘锯齿状或羽状浅裂，基部裂片抱茎；头状花序多数，集成复伞房花序；边缘花为舌状花，白色或淡红色，顶端有 3 小齿；中央为可育的筒状花，白色或淡红色；瘦果矩圆状楔形，具翅，花果期 7～9 月。

分布：原产东亚、西伯利亚、日本及我国东北、华北等地，生于向阳山坡草地、林缘、路旁及灌丛间。现各地广泛栽培。

习性：性健壮，对环境要求不严；耐寒，喜温暖、湿润；喜阳光充足也耐半阴；不择土壤，但在排水良好、富含有机质及石灰质的砂壤土上生长良好。

繁殖方法：播种或分株繁殖。

景观应用：蓍草花序大，开花繁茂，覆盖性强，常用于布置花坛、花境，也可丛植在林缘、路旁及山坡向阳处，也是良好的切花材料。

花语：安慰。

六、美国薄荷

别称：马薄荷。

科属：唇形科美国薄荷属。

形态特征：直立一年生至多年生草本。茎锐四棱形，具条纹，近无毛；叶片卵状披针形，先端渐尖或长渐尖，基部圆形，边缘具不等大的锯齿，纸质，上面绿色，下面较淡，疏被长柔毛；轮伞花序多花，苞片叶状，具短柄，全缘，疏被柔毛，花期 7 月。

分布：原产美洲，我国各地园圃有栽培。

繁殖方法：播种繁殖。

景观用途：株高 60～100cm，亦可通过修剪控制其高度及花期，是一种良好的花境材料。

花语：有德之人。

七、黑心菊

别称：黑心金光菊、黑眼菊。

科属：菊科金光菊属。

形态特征：多年生草本。株高 60~100cm，茎较粗壮，被软毛，稍分枝，具翼；叶互生、粗糙，长椭圆形至狭披针形，长 10~15cm，叶基下延至茎呈翼状，羽状分裂，5~7 裂，茎生叶 3~5 裂，边缘具稀锯齿；头状花序单生，花序大，圆锥形；舌状花黄色，有时有棕黄色带，管状花暗棕色，花期 6~10 月；瘦果细柱状。

分布：原产美国东部地区。

习性：露地适应性很强，极易栽培，耐干旱，较耐寒；喜向阳通风的环境，不择土壤，以排水良好的砂质壤土为宜；能自播繁殖。

养护要点：黑心菊幼苗长至 4~5 片叶时可移植，成活后适当施肥、浇水。开花期及炎夏应适当遮阴，以利花色艳丽。花后剪除残枝叶可促再生。注意防止排水不良，产生根腐病。黑心菊管理较为粗放，多作地栽，对水肥要求不严。植株生长良好时，可适应给以氮、磷、钾肥进行追肥，使黑心菊花朵更加美艳。生长期间应有充足光照。特别对于切花植株，利用摘心法可延长花期。对于多年生植株要强迫分株，否则会使长势减弱影响开花。

繁殖方法：

(1)播种繁殖：播种时间一般在春、秋两季。春季 3 月和秋季 9 月为自然生长的最佳播种时间。播种时间与它的自然花期关系密切，春季 3 月播种，6~7 月开花，秋季 9 月播种，11 月定植上盆，翌年春季开花(5~6 月)。为保证其植株健壮，花大色艳，应于播种后长出 4 片至 5 片叶时进行一次移植，11 月份定植，可露地越冬。

(2)分株繁殖：春、秋两季均可进行，一般对多年生老株进行分株繁殖。

(3)扦插繁殖：一般选择根部萌生的新芽做插穗，春季或秋季均可进行。春季应待萌芽抽生至 15cm 左右时进行，秋季于花后根际萌蘖后进行。

景观用途：黑心菊花朵繁盛，耐寒耐旱，管理粗放，适合庭院布置，或布置草地边缘呈自然式栽植；可作花坛、花境材料，也可作切花。

八、马蔺

别称：马莲、马兰、马兰花、旱蒲。

科属：鸢尾科鸢尾属。

形态特征：多年生密丛草本。株高 30 ~ 60cm；根状茎粗壮，木质，斜伸；须根细而坚韧，黄白色，少分枝；叶基生，革质坚硬，灰绿色，条形或狭剑形，长约 50cm，顶端渐尖，基部鞘状，带红紫色，无明显的中脉；花茎光滑，高 3 ~ 10cm，苞片 3 ~ 5 枚，草质，绿色，边缘白色，披针形；花蓝色，直径 5 ~ 6cm，花期 5 ~ 6 月；果期 6 ~ 9 月，蒴果长椭圆状柱形，长 4 ~ 6cm，直径 1 ~ 1.4cm，有 6 条明显的肋，顶端有短喙；种子为不规则的多面体，棕褐色，略有光泽。

分布：原产于中国、朝鲜及印度。

习性：喜阳光充足，耐半阴；耐寒、耐旱性强，耐践踏，不择土壤；抗性和适应性极强，耐盐碱。

繁殖方法：马蔺既可用种子繁殖，也可进行无性繁殖。

（1）播种繁殖：直播种子出苗率相对较低，种子变温储藏和室外埋土越冬处理比室温下储藏发芽率高。种子发芽的温度范围为 15 ~ 30℃，小于 10℃或大于 35℃时不发芽。恒温条件下发芽率普遍很低，一般播前采用温水浸种或层积处理，提高种子出苗率。

（2）分株（分蘖）繁殖：野生马蔺多以分蘖形式进行无性繁殖。栽培中以成熟的植株进行分蘖繁殖，其成活率较高。

病虫害防治：马蔺具有极强的抗病虫害能力，不仅在马蔺单一植被群落中从不发生病虫害，而且由于它特殊的分泌物，使其与其它植物混植后也极少发生病虫害，大大降低了绿色地被建植后防治病虫害所需的投入和成本。

景观用途：马蔺色泽青绿，在北方地区绿期可达 280 天以上；蓝紫色的花淡雅美丽，花密清香，花期长达 50 天，适于丛植或花境，还可作为切花材料；马蔺耐践踏，经历践踏后无需培育即可自我恢复；植株高矮适中，叶多而直立生长，具有较强的吸尘、减噪、降温作用；根系发达，可用于水土保持植物材料。

九、堆心菊

别称：翼锦鸡菊。

科属：菊科堆心菊属。

形态特征：多年生草本花卉。叶阔披针形；头状花序生于茎顶，舌状花柠檬黄色，花瓣阔，先端有缺刻，管状花黄绿色；花期 7～10 月，果熟期 9 月。

分布：原产中国东北、华北及华东地区。

习性：性喜温暖向阳环境，抗寒耐旱，适生温度 15～28℃，不择土壤，在田园土、砂壤土、微碱或微酸性土中均能生长。

养护要点：性耐寒，喜阳光充足环境，对土壤要求不严，栽培容易。生长期每周浇水一次。花谢后及时修剪枯枝叶以促使花蕾形成。

繁殖方法：播种繁殖。一般 8～9 月阳畦育苗，翌春 3 月中旬移植。栽前要翻整土地，加施基肥，例如豆饼、麻酱渣或鸡粪干。种子点播在培养土中，覆土厚度约为种子直径的两倍，10～15 天出苗。幼苗具 8～10 枚真叶时带土坨定植；栽植后适时浇水。

景观用途：堆心菊在园林中多用于花坛镶边或布置花境，近几年也用作地被，效果很好，金花绿叶显得生机勃勃。

十、菊花

别称：寿客、金英、黄华、秋菊、陶菊。

科属：菊科菊属。

形态特征：多年生草本植物。株高 20～200cm，通常 30～90cm；茎色嫩绿或为褐色，除悬崖菊外多为直立分枝，基部半木质化；单叶互生，卵圆至长圆形，边缘有缺刻和锯齿；头状花序顶生或腋生，一朵或数朵簇生；花序大小和形状各有不同，式样繁多，品种复杂，色彩丰富。

分布：菊属 30 余种中，原产我国的 17 种。8 世纪前后，作为观赏的菊花由我国传至日本，17 世纪末荷兰商人将我国菊花引入欧洲，18 世纪传入法国，19 世纪中期引入北美，此后我国菊花遍及全球。

习性：喜凉爽、较耐寒，生长适温为 18~21℃；地下根茎耐旱，最忌积涝，喜地势高、土层深厚、富含腐殖质、疏松肥沃、排水良好的土壤，在微酸性至微碱性土壤中皆能生长，以 pH 值 6.2~6.7 最好；菊花为短日照植物，在每天 14.5 小时的长日照下进行营养生长，每天 12 小时以上的黑暗与 10℃ 的夜温适于花芽发育。

繁殖方法：

（1）分根繁殖：将选好的种菊苗盖好，以保暖过冬，防止冻害影响成活率，从翌年 4 月中旬到 5 月中旬之间发出新芽时便可进行分株移栽。分株时将菊花全根挖出，轻轻抖落泥土，然后将菊苗分开，每株苗均带有白根，将过长的根以及苗的顶端切掉，根保留 6~7cm，地上保留 16cm，可按穴距 40cm×30cm 挖穴，每穴栽 1~2 株。

（2）扦插繁殖：扦插时间根据品种特性和各地气候条件来定。截取无病虫害、健壮的新技作为扦插条，插条长 10~13cm，苗床应平坦，15~18℃ 为适宜温度，土壤不宜过干或过湿。扦插时，先将插条下端 5~7cm 内的叶子全部摘去，上部叶子保留两片即可，将插条插入土中 5~7cm 深，顶端露出土面 3cm 左右，浇透水，以后每天喷洒 1~2 次水，覆盖一层稻草（透明塑料薄膜更好），约两周后即可生根。

（3）压条繁殖：在阴雨天进行。第一次在小暑（7 月上旬）前后，先把菊花枝条压倒，每隔 10cm 用湿泥盖实，打去梢头，使叶腋处抽出新枝。第二次在大暑（7 月下旬）前后，把新抽的枝条压倒，方法同第一次，并追施腐熟的人粪尿一次，在处暑（8 月下旬）打顶。

病虫害防治：

（1）病害：菊花病害种类繁多，常见者有十多种，分别为白色锈病、茎腐病、黑斑病、萎凋病、炭疽病、白绢病、灰霉病、菌核病及细菌性软腐病等，罹病时往往造成全株死亡。加强养护管理，并及时用多菌灵、百菌清等杀菌剂进行防治。

（2）虫害：菊花重要的害虫有蚜虫类、蓟马类、斜纹夜蛾、甜菜夜蛾、粉虱、毒蛾、介壳虫等。及时防治，针对不同虫害选择适用的杀虫剂。

景观用途：菊花为园林应用中的重要花卉之一，广泛用于花坛、地被、盆花和切花等。

花语：清净、高洁、怀念、成功。

黄菊：飞黄腾达。

白菊：哀悼、真实坦诚。

红菊：我爱你。

十一、芍药

别称：将离、离草、余容、红药。

科属：毛茛科芍药属。

形态特征：多年生草本花卉。块根肉质、粗壮，呈纺锤形或长柱形；花瓣呈倒卵形，花盘为浅杯状，一般独开在茎的顶端或近顶端叶腋处，原种花白色，园艺品种花色丰富，有白、粉、红、紫、黄、绿、黑和复色等，花期5~6月；果实呈纺锤形，种子呈圆形、长圆形或尖圆形。

分布：在中国分布于东北、华北、陕西及甘肃南部，在朝鲜、日本、蒙古及西伯利亚地区也有分布。

习性：喜光照，耐旱。芍药植株在一年当中，随着气候节律的变化产生阶段性发育变化，主要表现为生长期和休眠期的交替变化。其中以休眠期的春化阶段和生长期的光照阶段最为关键。春化阶段，要求0℃低温下，经过40天左右才能完成．然后混合芽方可萌动生长。芍药属长日照植物，花芽要在长日照下发育开花，混合芽萌发后，若光照时间不足，或在短日照条件下通常只长叶不开花或开花异常。

繁殖方法：芍药传统的繁殖方法有分株、播种、扦插、压条等，其中以分株法最为易行，被广泛采用。播种法仅用于培育新品种、生产嫁接牡丹的砧木和药材生产。

（1）分株繁殖：分株法是芍药最常用的繁殖方法，其优点一是比播种苗提早开花，播种苗4~5年开花，而分株苗隔年即可开花；二是分株法操作简便易行，管理省工，利于广泛应用；三是可以保持原品种的优良性状。其缺点是繁殖系数低。分株时间从越冬芽充实时到土地封冻前均可进行，但适时进行分株栽植，地温尚高，有利于根系伤口的愈合，并可萌发新根，增强耐寒和耐旱的能力，为次年的萌芽生长奠定基础。分株时细心挖起肉质根，去除宿土，尽量减少伤根，削去老硬腐朽处，用手或利刀顺自然缝隙处劈分，一般每株可分3~5个子株，每子株带3~5个芽。分株后栽植深度以芽入土2cm左右为宜，过深不利于发芽，且容易引起烂根，叶片发黄，生长也不良，过浅则不利于开花，且易受冻害，甚至根茎头露出地面，夏季烈日暴晒，导致死亡。

（2）播种繁殖：种子宜采后即播，随播种时间延迟，种子含水量降低，发芽率下降。当蜀葵果变黄时即可采收，过早种子不成熟，过晚种皮变黑、变硬不易出苗。果实成熟有早有晚，要分批采收，果皮开裂散出种子，即可播种，切勿暴晒种子，使种皮变硬，影响出苗。如果不能及时播种，可行沙藏保湿处理，但必须于种子发根前取出播种。播种前，要将待播的种子除去瘪粒和杂质，再用水选法去掉不充实的种子。播种前进行种子处理，用50℃温水浸种24小时，取出后即播，则发芽更加整齐，发芽率大为提高，常达80%以上。播种育苗用地要施足底肥，深翻整平，若土壤较为湿润适于播种，可直接做畦播种；若墒情较差，应充分灌水，然后再做畦播种。

（3）扦插繁殖：选地势较高、排水良好的圃地做扦插床，床土翻松后，铺15cm厚的河沙、蛭石或珍珠岩，在床上搭高1.5m的遮阳棚，扦插基质要用0.5%的高锰酸钾消毒。扦插时间以7月中旬截取插穗扦插效果最好，插穗长10~15cm，带两个节，上一个复叶留少许叶片，下一个复叶连叶柄剪去，用萘乙酸或吲哚乙酸溶液速蘸处理后扦插，插深约5cm，间距以叶片不互相重叠为准。插后浇透水，再盖上塑料棚。扦插棚内保持温度20~25℃，湿度80%~90%，则插后20~30天即可生根，并形成休眠芽。生根后，应减少喷水和浇水量，逐步揭去塑料棚和遮阳棚。扦插苗生长较慢，需在床上覆土越冬，翌年春天移至露地栽植。

（4）根插繁殖：利用芍药秋季分株时断根，截成5~10cm的根段，插于深翻并平整好的沟中，沟深10~15cm，上覆5~10cm厚的细土，浇透水即可。

病虫害防治：

（1）病害：芍药病害主要有芍药灰霉病、芍药褐斑病、芍药红斑病、芍药锈病等。

（2）金龟子：危害芍药的金龟子有多种，其成虫危害芍药叶片和花；幼虫蛴螬，取食芍药根部，造成的伤口，又为镰刀菌的侵染创造了条件，导致根腐病的发生。

（3）介壳虫：危害芍药的介壳虫有吹棉蚧、日本蜡蚧、长白盾蚧、桑白盾蚧、芍药圆蚧、矢尖盾蚧等。介壳虫吸食芍药的体液，使植株生长衰弱，枝叶变黄。防治方法：①发现个别枝条被介壳虫危害时，可用软刷刷除，或剪去虫害枝烧毁。②抓住卵的盛孵期喷药，刚孵出的虫体表面尚未被蜡，易被杀死。③加强检疫，严防引入带虫苗木。

（4）蚜虫：当春天芍药萌发后，即有蚜虫飞来危害，吸食叶片的汁液，使被害叶卷曲变黄；幼苗长大后，蚜虫常聚生于嫩梢、花梗、叶背等处，使花苗茎叶卷曲萎缩，以致全株枯萎死亡。防治方法：喷洒40%乐果乳剂1000~1500倍液，或50%灭蚜松乳剂1000~1500倍液可以短期抑制蚜虫灾害。

景观用途：芍药是我国传统名花，常用于古典园林中与山石相配，也可布置花坛、花境，或用于盆栽观赏；芍药花枝挺拔细长、花大色艳，也是重要的切花品种。

十二、鸢尾

别称：乌鸢、扁竹花、屋顶鸢尾、蓝蝴蝶、紫蝴蝶。

科属：鸢尾科鸢尾属。

形态特征：多年生草本。基部围有老叶残留的膜质叶鞘及纤维，根状茎粗壮，须根较细而短；叶基生，黄绿色，稍弯曲，中部略宽，宽剑形，顶端渐尖或短渐尖，基部鞘状，有数条不明显的纵脉；花茎光滑，高20~40cm，顶部常有1~2个短侧枝，中、下部有1~2枚茎生叶；苞片2~3枚，绿色，草质，边缘膜质，色淡，披针形或长卵圆形，顶端渐尖或长渐尖，内包含有1~2朵花；花蓝紫色，直径约10cm，花梗甚短，花被管细长，花期4~5月；蒴果长椭圆形或倒卵形，果期6~8月，种子黑褐色，梨形，无附属物。

分布：产于缅甸、日本及我国山西、安徽、江苏、浙江、福建、湖南、云南、西藏等多地，生于海拔800~1800m的灌木林缘、阳坡地、林缘及水边湿地，在庭园已久经栽培。

习性：耐寒性较强，喜阳光充足环境，亦耐半阴；喜适度湿润、排水良好、富含腐殖质、略带碱性的黏性土壤。

繁殖方法：以分株法繁殖为主，也可播种繁殖。

病虫害防治：

（1）种球腐烂病：严重危害种球，地表看不出来或很晚才能显现，而地下根系生长很少或根本不生根，此病不易传播，不会长期污染土壤。其病因是疣孢青霉的孢子通过侵染球根的微小伤口而使植株染病，或者土壤过干也会引起植株发病。防治方法：空气湿度小于70%，贮藏时保持空气流通。

（2）灰霉病：灰色葡萄孢属真菌引发灰霉病，通常在潮湿环境下发病，无规则斑点会在花朵上出现，叶片一般不受危害；受病的种球潮湿，开始腐烂、变褐，但无异味；当去除表皮后，球根顶部可见灰色织物伴有黑色菌丝块，根部和基盘未受侵染。防治方法：①避免叶片受损，新芽长于5cm的球根不再种植，特别不能使用地膜，这样避免阳光灼伤。②球根种植不要过密，在生长期内保持土壤无杂草。③温室中相对湿度保持80%左右，保持植株干燥。叶面受损后，根据需要喷洒杀菌剂。

（3）根线虫病：植物生长局部受阻，花芽干枯，根系短，呈黑色条状，根系不会腐烂。其病因是穿刺短体线虫侵染植株诱发此病。防治方法：每年进行一次土壤处理。

景观用途：鸢尾叶片碧绿青翠，花色丰富，花形大而奇，宛若翩翩彩蝶，是庭园中的重要花卉之一，也是优美的盆花、切花和花坛用花，也可用作地被植物。国外有用此花做成香水的习俗。

花语：爱情和友谊、鹏程万里、前途无量、光明和自由。

十三、蜀葵

别称：一丈红、戎葵、吴葵、卫足葵、胡葵、斗蓬花。

科属：锦葵科蜀葵属。

形态特征：多年生宿根草本植物。植株高可达 2～3m，茎直立挺拔，丛生，不分枝，全体被星状毛和刚毛；叶片近圆心形或长圆形，基生叶片较大，叶片粗糙，两面均被星状毛，叶柄长 5～15cm；花单生或近簇生于叶腋，有时成总状花序排列，花径 6～12cm，花色艳丽，有粉红、红、紫、墨紫、白、黄、水红、乳黄、复色等，单瓣或重瓣，花期 5～9 月；果实为蒴果，扁圆形，种子肾形。

分布：原产中国，分布很广，华东、华中、华北、华南等地区均有分布。

习性：耐寒、喜阳、耐半阴，忌涝；耐盐碱能力强，在含盐 0.6% 的土壤中仍能生长；耐寒冷，在华北地区可以安全露地越冬；在疏松肥沃、排水良好、富含有机质的砂质壤土中生长良好。

养护要点：蜀葵栽培管理较为简易。幼苗长出 2～3 片真叶时，应移植 1 次，加大株行距。移植后应适时浇水，开花前结合中耕除草施追肥 1～2 次，追肥以磷、钾肥为好。播种苗经 1 次移栽后，可于 11 月定植。幼苗生长期，施 2～3 次液肥，以氮肥为主，同时经常松土、除草，以利于植株生长健壮。当蜀葵叶腋形成花芽后，追施 1 次磷、钾肥。为延长花期，应保持充足的水分。花后及时将地上部分剪掉，还可萌发新芽。盆栽时，应在早春上盆，保留独本开花。因蜀葵种子成熟后易散落，应及时采收。蜀葵栽植 3～4 年后，植株易衰老，因此应及时更新。

繁殖方法：蜀葵通常采用播种繁殖，也可进行分株和扦插繁殖。分株、扦插多用于优良品种的繁殖。

(1)播种繁殖：春播、秋播均可。依蜀葵种子多少，可播于露地苗床，再育苗移栽，也可露地直播，不再移栽。南方常采用秋播，通常宜在 9 月份秋播于露地苗床，发芽整齐。而北方常以春播为主。蜀葵种子成熟后即可播种，正常情况下种子约 7 天就可以萌发。蜀葵种子的发芽力可保持 4 年，但播种苗 2～3 年后就出现生长衰退现象。

(2)分株繁殖：蜀葵的分株在秋季进行，适时挖出多年生蜀葵的丛生根，用快刀切割成数小丛，使每小丛都有 2～3 个芽，然后分栽定植即可。春季分株应加强水分管理。

(3)扦插繁殖:扦插在花后至冬季均可进行。取蜀葵老干基部萌发的侧枝作为插穗,长约8cm,插于沙床或盆内均可。插后用塑料薄膜覆盖进行保湿,并置于遮阴处直至生根。冬季前后应增加地温,以加速新根的产生。

病虫害防治:

(1)锈病:易发于多年生老株蜀葵,感病植株叶片变黄或枯死,叶背可见到棕褐色、粉末状的孢子堆。春季或夏季在植株上喷施波尔多液或播种前进行种子消毒可起到防治效果。防治方法:发病初期可喷15%粉锈宁可湿性粉剂1000倍液,或70%甲基托布津可湿性粉剂1000~1500倍液,或75%百菌清可湿性粉剂600倍液等,每隔7~10天喷1次,连喷2~3次,均有良好防治效果。

(2)白斑病:蜀葵白斑病又叫斑枯病,主要危害蜀葵的叶片。发病初期,叶面着生有褐色的小斑点,随着病情的发展,病斑逐渐扩展为圆形、椭圆形或不规则形,病斑中央呈灰白色,外缘呈红褐色。在湿润环境下病斑上可着生有灰褐色霉层。

防治方法:① 及时将病叶摘除,注意枝茎的密度,使植株保持通风透光。② 增加磷钾肥的施用,少施或不施氮肥。③ 发病初期,可用75%百菌清可湿性颗粒800倍液或50%多菌灵可湿性颗粒500倍液喷雾进行防治,每10天1次,连续喷3~4次可有效控制住病情。

(3)红蜘蛛:多发于生长期间,发生严重时,用1.8%阿维菌素乳油7000~9000倍液均匀喷雾防治;或使用15%哒螨灵乳油2500~3000倍液均有较好的防治效果。

景观用途:蜀葵叶大、花繁、色艳,花期长,是园林中栽培较普遍的花卉,宜种植在建筑物旁、假山旁或点缀花坛、草坪,成列或成丛种植。矮生品种可作盆花栽培,陈列于门前,不宜久置室内。也可剪取作切花,供瓶插或制作花篮、花束等用。

花语:梦想、温和。

十四、宿根天人菊

别称：车轮菊、大天人菊、虎皮菊。

科属：菊科天人菊属。

形态特征：多年生草本。高 60 ~ 100cm，全株被粗节毛；茎不分枝或稍有分枝；基生叶和下部茎叶长椭圆形或匙形，全缘或羽状缺裂，两面被尖状柔毛，叶有长叶柄；中部茎叶披针形、长椭圆形或匙形，基部无柄或心形抱茎；头状花序径 5 ~ 7cm，总苞片披针形，舌状花黄色；管状花外面有腺点，被节毛，花果期 7 ~ 8 月；瘦果被毛。

分布：原产北美西部。

习性：性强健，耐热、耐旱，喜阳光充足、通风良好的环境和排水良好的土壤。

繁殖方法：播种繁殖。4 月初，将宿根天人菊的种子在温室播种。宿根天人菊在播种时采用以草炭为主的无土配方基质，不加基肥。拌制时还需要加入珍珠岩。珍珠岩在搅拌前要用水完全浸透。将草炭与珍珠岩按照 1:1 的比例混合，然后加水搅拌均匀，这时就可以填充苗盘了。填充时，先在苗盘中铺上一层陶粒，陶粒颗粒大，透气性好，有利于排水。装好基质后，将苗盘轻轻搬运到苗床上，用喷雾枪喷透水，然后就可以在苗盘上直接播种。播种时，撒种要均匀，播种后要马上喷水，然后将苗盘搬到发芽室中催芽。苗盘到发芽室后，要注意控制好发芽室的环境，温度保持在 20 ~ 22℃，湿度保持在 95% 以上。胚根突破种皮后，可将幼苗从发芽室搬到大温室，进行苗期管理。

景观用途：宿根天人菊花色多、花期长，可用于花坛或花境，也可成丛、成片地植于林缘和草地中，还可作切花用。

花语：团结。

十五、萱草

别称：黄花菜、金针菜。

科属：百合科萱草属。

形态特征：多年生宿根草本。具短根状茎和粗壮的纺锤形肉质根；叶基生、宽线形，对排成两列，背面有龙骨突起，嫩绿色；花葶细长坚挺，高 60～100cm，花 6～10 朵，呈顶生聚伞花序；初夏清晨开花，颜色以橘黄色为主，有时可见紫红色，花大，漏斗形，内部颜色较深，直径 10cm 左右；花被裂片长圆形，下部合成花被筒，上部开展而反卷，边缘波状，橘红色；花期 5～7 月，每花仅开放 1 天；蒴果，背裂，内有亮黑色种子数粒；果实很少能发育，制种时常需人工授粉

分布：欧洲南部及亚洲北部都有分布，我国主产于秦岭以南的亚热带地区。

习性：性强健，耐寒，华北地区可露地越冬；适应性强，喜湿润亦耐旱，喜阳光亦耐半阴；对土壤要求不强，以富含腐殖质、排水良好的湿润土壤为宜。

繁殖方法：

（1）播种繁殖：春、秋均可。春播时，头一年秋季将种子沙藏，播后发芽迅速而整齐。秋播时，9～10 月露地播种，翌春发芽。实生苗一般 2 年开花。萱草生长强健，适应性强、耐寒，生育期如遇干旱应适当灌水，雨涝则注意排水。早春萌发前穴栽，先施基肥，上盖薄土，再将根栽入，株行距 30～40cm，栽后浇透水 1 次，生长期中每 2～3 周施追肥 1 次。入冬前施 1 次腐熟有机肥。作地被植物时几乎不用管理。

（2）分株繁殖：春、秋均可。每丛带 2～3 个芽，施以腐熟的堆肥。若春季分株，夏季就可开花。通常 3～5 年分株 1 次。

（3）切片繁殖：一般在立秋后半个月和清明节前后进行最好。选 3 年以上的萱草整株挖出，割去叶片，进行纵切，每一株可纵切 2～4 片。这样的植株成苗快、生长健壮。苗床要施足基肥，床土以疏松通气的砂质壤土为宜。为了防止切片伤口感染病菌，可在切片前用 1∶1∶100 的波尔多液处理。切片后为促使发生新根，可用肥泥土、草木灰等拌种，也可用 500 倍的磷酸二氢钾溶液浸泡 10 小时，促进根系的生长。一般 10 天左右就开始萌发，约 1 个月即可长出纤细新根。

病虫害防治：萱草易发锈病、叶斑病和叶枯病，应在加强栽培管理的基础上，及时清理杂草、老叶及干枯花葶。在发病初期，锈病可用15%粉锈宁喷雾防治1~2次；叶枯病、叶斑病可用50%代森锰锌喷雾防治。

景观用途：萱草花色鲜艳，栽培容易，且春季萌发早，绿叶成丛极为美观，宜丛植或于花境、路旁栽植，因耐半阴也可做疏林地被植物。

花语：忘却一切不愉快的事。

十六、火炬花

别称：红火棒、火把莲。

科属：百合科火把莲属。

形态特征：宿根草本。株高80~120cm，茎直立，叶线形；总状花序着生数百朵筒状小花，呈火炬形，花冠橘红色，花期6~7月；蒴果黄褐色，果期9月。

分布：原产于南非海拔1800~3000m高山及沿海岸浸润线的岩石泥炭层上，各地庭园广泛栽培；我国长江中下游地区露地能越冬。

习性：喜温暖湿润和阳光充足环境，也耐半阴；要求土层深厚、肥沃及排水良好的砂质壤土。

养护要点：栽植前应施适量基肥和磷、钾肥；幼苗移植或分株后，应浇透水2~3次，及时中耕除草并保持土壤湿润，约2周后可恢复生长。播种苗或分株苗第二年即可开花，当花葶出现时，需施2~3次0.1%磷酸二氢钾根外追肥，每次间隔7~10天，或用1%~2%过磷酸钙追肥1次，以增强花葶的坚挺度，防止弯曲。花期前要增加灌水，花谢后停止浇水。火炬花耐寒性较强，露地栽培应适当覆草保暖，以利安全越冬。

繁殖方法：

(1)播种繁殖：春、夏、秋三季均可进行，通常在春季(3月下旬~4月上旬)和秋季(9月下旬~10月上旬)进行，也可随采随播。播种发芽适温为18~24℃，21~28天可出苗。

(2)分株繁殖：火炬花生长3年，一株丛可产生十几个蘖芽，造成生长拥挤、通风不良，需要及时分株。分株多在秋季进行，时间可选择在秋季花期过后，先挖起整个母株，由根颈处每 2~3 个萌蘖芽切下分为一株进行栽植，并至少带有 2~3 条根。株行距 30~40cm，定植后浇水即可。分株繁殖方法简便，容易成活，不影响开花，但繁殖量小。

病虫害防治：主要有锈病危害叶片和花茎，发病初期用石灰硫磺合剂或用 25% 萎锈灵乳油 400 倍液喷洒防治。花期如遭遇金龟子咬食花朵，可喷施 40% 氧化乐果 1000 倍液，每隔 7 天喷施一次即可，至虫灭。

景观用途：火炬花是优良的庭园花卉，可丛植于草坪之中或植于假山石旁，也适合布置多年生混合花境和在建筑物前配置，花枝可供切花。

十七、钓钟柳

别称：象牙红。

科属：玄参科钓钟柳属。

形态特征：多年生常绿草本。株高 15~45cm，全株被茸毛；茎光滑，稍被白粉；枝条直立，丛生性强，基部常木质化；叶对生，基生叶卵形，茎生叶披针形；聚伞圆锥花序顶生，花冠筒状唇形，花为红、蓝、紫、粉等颜色，花期 5~6 月。

分布：原产美洲，世界各地多有栽培。

习性：喜阳光充足、空气湿润、通风良好的环境，不耐寒，忌炎热、稍耐半阴，喜排水良好且含石灰质的肥沃砂质壤土。

养护要点：吊钟柳不论盆栽或地栽，一般栽培管理比较简单。生长期注意浇水，经常保持湿润才有利于生长。夏季炎热多雨之地应注意排水，特别在雨季，应防止雨水过多土壤湿度过大而死亡。生长期和花前花后注意及时施肥以使花大色艳，花后应注意防寒越冬。北方地区，盆栽者于 9 月下旬~10 月上旬将其上部枯枝剪除，脱盆后入阳畦越冬；地栽者于秋末修剪地上部分，浇防冻水进行保护越冬。

繁殖方法：播种、扦插或分株法繁殖。

（1）播种繁殖：多在秋季进行，种子采收后即可播种，适温为13~18℃。幼苗期娇嫩，需要注意保持基质湿润，经常洒水或浸盆。生长期每半月施用1次追肥，鸡粪或复合化肥均可。播种繁殖较易发生变异，因此许多优良品种一般不采用此法。

（2）扦插繁殖：优良品种可于秋季进行扦插繁殖。选择生长强健的花后嫩枝梢，剪成长约10cm的插穗，切口部位用多菌灵或克菌丹消毒后，插入已消过毒的素沙插床内，保持湿度并适当遮光，30天左右即可生根。生根的植株可上盆定植，若作花坛地栽，可在翌年解冻后3~4月脱盆定植于露地。

（3）分株繁殖：多选择在春季。在母株刚露新芽的几天内，掘起母株土坨或脱盆，根据萌芽确定新分植株，用刀将新株与母体割离，直接定植。定植后浇透水，可很快扩大根系长成可观植株。

景观用途：钓钟柳花色鲜丽，花期长，适宜花境种植，也可盆栽观赏

十八、桔梗

别称：包袱花、铃铛花、僧帽花、白药、梗草。

科属：桔梗科桔梗属。

形态特征：多年生草本。茎高20~120cm，通常无毛，偶密被短毛，不分枝，极少上部分枝；叶轮生，无柄或有极短的柄，叶片卵形、卵状椭圆形至披针形，基部宽楔形至圆钝，顶端急尖，上面无毛而绿色，下面常无毛而有白粉，有时脉上有短毛或瘤突状毛，边缘具细锯齿；花单朵顶生，或数朵集成假总状花序，或有花序分枝而集成圆锥花序；花冠大，蓝色或紫色，花期7~9月；蒴果球状、倒卵状或球状倒圆锥形，长1~2.5cm，直径约1cm。

分布：产于朝鲜、日本及我国东北、华北、华东、华中各地。生于海拔2000m以下的阳处草丛、灌木丛中，少生于林下。

习性：喜湿润凉爽气候，耐旱、耐寒，怕风害，适宜在土层深厚、排水良好、土质疏松而富含腐殖质的砂质壤土上栽培。苗期怕强光直晒，须遮阴；成株喜阳光，怕积水。

养护要点：桔梗出苗后，进行除草，在苗长4片叶时，间去弱

苗，6~8 片叶时定植；在干湿适宜时进行浅松土，经常保持地内疏松，田间无杂草。桔梗怕积水，因此，在高温多湿季节，应及时疏沟排水，防止积水烂根。桔梗花期长达 4 个月，开花对养分消耗相当大，又易萌发侧枝，因此应适当摘花。

繁殖方法：播种繁殖，冬播或春播。冬播于 11 月至次年 1 月进行，春播于 3~4 月份进行。以冬播为好，一般采用撒播。

病虫害防治：

(1)根腐病：受害根部出现黑褐斑点，后期腐烂至全株枯死。防治方法：①用多菌灵 1000 倍液浇灌病区。②雨后注意排水，田间不宜过湿。

(2)白粉病：主要危害叶片。发病时，病叶上布满灰粉末，严重时全株枯萎。防治方法：发病初用波美 0.3 度石硫合剂或 20% 的粉锈宁粉 1800 倍液喷洒。

(3)紫纹羽病：9 月中旬危害严重，10 月根腐烂。受害根部初期变红，密布网状红褐色菌丝，后期形成绿豆大小紫色菌核，茎叶枯萎死亡。防治方法：①切忌连作，实行轮作倒茬。②拔除病株烧毁，病穴灌 5% 石灰水消毒。

(4)炭疽病：7~8 月份高温高湿时易发病，蔓延迅速，初期茎基部出现褐色斑点，逐渐扩大至茎秆四周，后期病部收缩，植株倒伏。防治方法：①在幼苗出土前用 20% 退菌特可湿性粉剂 500 倍液喷雾预防。②发病初期喷 1:1:100 波尔多液或 50% 甲基托布津可湿性粉剂 800 倍液，每 10 天喷 1 次，连续喷 3~4 次。

(5)拟地甲：危害桔梗根部，可在 3~4 月成虫交尾期与 5~6 月幼虫期，用 90% 敌百虫 800 倍液或 50% 辛硫磷乳油 1000 倍液喷杀。

景观用途：桔梗花色雅致，叶色翠绿，适于花坛、花境栽植用，也可作切花用。

花语：永恒不变的爱、真诚、柔顺、悲哀、想念。

十九、金光菊

别称：黑眼菊、黄菊、黄菊花、假向日葵、金花菊、太阳菊。
科属：菊科金光菊属。

形态特征：多年生草本。高 50 ~ 200cm，茎上部有分枝，无毛或稍有短糙毛；叶互生，无毛或被疏短毛；下部叶具叶柄，不分裂或羽状 5 ~ 7 深裂，裂片长圆状披针形，顶端尖，边缘具不等的疏锯齿或浅裂；中部叶 3 ~ 5 深裂；上部叶不分裂，卵形，顶端尖，全缘或有少数粗齿，背面边缘被短糙毛；头状花序生于枝顶，具长花序梗，总苞半球形，花序托凸起呈柱状，形成一个锥体，花期 7 ~ 10 月；瘦果四棱形。

分布：原产于北美。

习性：性喜通风良好、阳光充足的环境；适应性强，耐寒、耐旱；对土壤要求不严，但忌水湿，在排水良好、疏松的砂质壤土中生长良好。

养护要点：盆栽用土时需一次施足基肥，上较大盆定植；地栽时株行距要大一些，一般控制在 1m × 1m 左右。浇水适当控制，控制其长势可使植株低矮健壮，减少倒伏萎蔫，更有利于观赏。当植株长到 1m 以上时，需及时设支架进行绑扎，避免枝条被风吹折断。为了促使侧枝生长，延长花期，当第一次花谢后要及时剪去残花。夏季开花的植株可在花后将花枝剪掉，加强水肥管理，秋季霜前还可再次抽生新枝，二次开花。金光菊开花繁盛，株型扩展较快，花期消耗很多养分，因此在其生长季节，尤其是花前花后的一段时期内，要及时供肥、供水并保持土壤湿润。花前多施磷、钾肥，则可使花色艳丽，株形丰满匀称。

繁殖方法：

(1)播种繁殖：春季和秋季播种皆可，但以秋播为好。种子发芽力可保持 2 年左右，也可靠其自播繁衍。发芽适宜温度为 15℃ 左右，播种后 2 周左右便可出苗，约 3 周可移苗，翌年开花。

(2)分株繁殖：春季和秋季都可进行。春天以刚萌芽时，秋天于花后分株较合适。将地下宿根挖出后分株，分株时每棵子株需要带有 3 ~ 4 个顶芽。

景观用途：金光菊株形较大，盛花期花朵繁多，且花期长、落叶期短，因而适合公园、单位、庭院等场所布置，也可布置草坪边缘呈自然式栽植，或做花坛和花境材料，也是用作切花、瓶插的精品。

二十、射干

别称：乌扇、乌蒲、黄远、草姜、鬼扇、凤翼。

科属：鸢尾科射干属。

形态特征：多年生草本。株高 50~120cm，根茎鲜黄色，须根多数；茎直立；叶 2 列，扁平，嵌叠状广剑形，长 25~60cm，宽 2~4cm，绿色，常带白粉，先端渐尖，基部抱茎，叶脉平行；总状花序顶生，二叉分歧；花梗基部具膜质苞片，苞片卵形至卵状披针形，长 1cm 左右；花直径 3~5cm，花被片椭圆形，橘黄色而具有暗红色斑点，花期 7~9 月；蒴果椭圆形，果期 8~10 月，种子黑色，近球形。

分布：分布于热带、亚热带及温带地区，分布中心在非洲南部及美洲热带。我国主要分布于西南、西北及东北各地。

习性：喜温暖和阳光，耐干旱和寒冷，对土壤要求不严，山坡旱地均能栽培，以肥沃疏松、地势较高、排水良好的砂质壤土为好，忌低洼地和盐碱地。

养护要点：播种后，一般第一年中耕除草 4 次，通过中耕除草，使土壤表层疏松，通透性好，促进养分的分解转化，保持水分，提高地温，控制浅根生长，促根下扎，防止土壤板结，防除田间杂草，控制病虫害传播。要多施磷钾肥，可促使根茎膨大，春夏以人畜粪水为主，冬季可施土杂肥，并增施磷钾肥。在射干的生长期内，如通风透光不良，其下部叶片很快枯萎，这时就应及时将其除去，以便集中更多养分供根茎生长，提高产量和质量。射干不耐涝，在每年的雨季要加强防涝工作，以免渍水烂根，造成植株死亡。

繁殖方法：

(1)播种繁殖：用塑料小拱棚育苗，可于 1 月上中旬按常规操作方法进行。将混沙贮藏裂口的种子播入苗床覆上一层薄土后，每天早晚各喷水 1 次，1 周左右便可出苗。出苗后加强肥水管理，到 3 月中下旬就可定植于大田。

(2)根茎繁殖。此法繁殖较快。

病虫害防治：在幼苗和成株时易发生锈病，危害叶片。防治方法：初期喷95%敌锈钠400倍液，每7～10天喷洒1次，连续2～3次即可。

景观用途：射干花形飘逸，有趣味性，适用于花坛、花境，或盆栽观赏。

二十一、紫松果菊

别称：松果菊。

科属：菊科紫松果菊属。

形态特征：多年生宿根草本。株高80～120cm；叶卵形或披针形，缘具疏浅锯齿，基生叶基部下延，柄长约30cm，茎生叶叶柄基部略抱茎；头状花序单生或数朵集生，花茎8～10cm，舌状花一轮，玫瑰红或紫红色，稍下垂，中心管状花具光泽，呈深褐色，盛开时橙黄色，花期7～9月。

分布：原产北美，各地多有栽培。

习性：性强健且耐寒、耐热，喜光照充足，也稍耐阴；宜深厚、肥沃的壤土，能自播繁殖。

养护要点：播种后2周即可发芽，在此期间要保持充足的光照，温度稳定在20～22℃间，基质要保持湿润，但不能发生水浸现象；此后栽培温度要下调到15～18℃，每周施用一次浓度为50～100mg/kg的氮肥。第3对真叶长出时，可进行移栽，温度要降至10～12℃，以促进根系生长，同时每周施用一次浓度为100～200mg/kg的硝酸钙溶液。培养基质的pH值应保持在5.5～7.0之间。

繁殖方法：紫松果菊采用播种及分株方法进行繁殖。

(1)播种繁殖：早春4月露地直播，常规管理，7～8月即可开花；也可以在温室、大棚中播种育苗，经1～2次移植后即可定植，株距约40cm。

(2)分株繁殖：春、秋可分株繁殖。

景观用途：紫松果菊是很好的花境、花坛材料，也可丛植于花园、篱边、山前或湖岸边。紫松果菊水养持久，是良好的切花材料。

二十二、常夏石竹

别称：羽裂石竹、地被石竹。

科属：石竹科石竹属。

形态特征：多年生草本。株高 20～30cm；茎蔓状簇生，上部分枝，越年呈木质状，光滑而被白粉；叶厚，灰绿色，长线形；花 2～3 朵，顶生枝端，花色有紫、粉红、白色，具芳香，花期 5～7 月。

分布：原产奥地利及西伯利亚地区，我国各地多有栽植。

习性：喜温暖和充足的阳光，不耐寒；要求土壤深厚、肥沃，盆栽要求土壤疏松、排水良好，生长季节经常施肥；病虫害少，在中性、偏碱性土壤中均能生长良好。

养护要点：

水肥管理：由于常夏石竹耐干旱、瘠薄，因此浇水时间、次数，应根据天气干旱情况及土壤墒情来确定，要求灵活用水。在水分管理上，掌握宁干勿湿的原则，如久旱无雨，天气干旱，可适当增加浇水次数。对新栽植的常夏石竹，第一遍定根水必须浇透，以后隔 2～3 天，根据情况再浇水。常夏石竹每次开花修剪后要及时浇水，并每亩追施 10～15kg 复合肥，以促进苗木生长和下次提前开花。

修剪技巧：修剪在常夏石竹管理中起着非常重要的作用，适当的修剪可使其生长健旺，根系发达，开花繁多。常夏石竹花期从晚春至秋季一直花开不断，每次花谢后都要对花茎进行修剪。新栽植的苗木，为促进生长，减少养分消耗，一般不使其开花。修剪高度以能破坏多数枝条的生长点为宜，以利多分蘖，成苗快，一般保留 8～9cm 左右。最后一次修剪于 8 月下旬至 9 月上旬进行，这次修剪可为石竹顺利越冬及第二年健壮生长打下基础，因此要适当重剪，以增加其冬季的抗寒性和观赏效果，一般高度保留 5cm 左右。

繁殖方法：常夏石竹可采用播种、分株及扦插法繁殖。

(1)播种繁殖：播种可于春天或秋天播于露地，寒冷地区可于春、秋播于冷床或温床。发芽适温为 15～20℃，温度过高则萌发受到抑制。幼苗通常经过 2 次移植后定植，移栽后喷施新高脂膜可提高成活率。

（2）分株繁殖：分株繁殖多在 4 月进行。

（3）扦插繁殖：扦插法生根较好，可于春、秋插于沙床中。

病虫害防治：常夏石竹适应性强，管理粗放，虫害很少发生，病虫害主要发生于 7~9 月高温季节，主要有立枯病、凋萎病等。防治方法：①每次修剪后立即喷杀多菌灵或百菌清 600~800 倍液一遍。②发现病株后马上拔除并集中烧毁，然后对土壤消毒后再补植。③及时排水，防止草坪积水。

景观用途：常夏石竹叶形优美，花色艳丽，且花具芳香，花期长，被广泛用于点缀城市的大型绿地、广场、公园、街头绿地、庭院绿地和花坛、花境中，还可盆栽观赏或作切花材料。

二十三、蛇鞭菊

别称：麒麟菊、猫尾花。

科属：菊科蛇鞭菊属。

形态特征：多年生草本。株高 60~150cm；具黑色的地下块茎；全株无毛或散生短柔毛；茎基部膨大呈扁球形，地上茎直立，少分枝，株形锥状；叶互生，线形或披针形，长达 30cm，全缘，基生叶较上部叶大；头状花序排列成密穗状，长 60cm，花莛长 70~120cm，花序部约占整个花莛长的 1/2，小花由上而下次第开放，每一头状花具小花 8~13 朵，花色分淡紫和纯白两种，花期 7~8 月。

分布：原产美国，各地多有栽培。

习性：性强健，耐寒，耐水湿，耐贫瘠，喜阳光；对土壤要求不严，以疏松、肥沃、湿润的土壤为宜。

养护要点：

移植：小苗移栽时，先挖好种植穴，在种植穴底部撒上一层有机肥料作为底肥，厚度为 4~6cm，再覆上一层土并放入苗木，以把肥料与根系分开，避免烧根。放入苗木后，回填土壤，把根系覆盖住，并用脚把土壤踩实，浇一次透水。

湿度管理：蛇鞭菊喜欢较干燥的空气环境，阴雨天过长，易受病菌侵染；怕雨淋，晚上保持叶片干燥；最适空气相对湿度为 40%~60%。

温度管理：蛇鞭菊喜欢冷凉气候，忌酷热，夏季生长十分缓慢；不耐霜寒，当温度降到5℃以下时会进入休眠；最适宜的生长温度为15~28℃。

光照管理：在晚秋、冬、早春三季，由于温度不是很高，就要给予直射阳光的照射，以利于进行光合作用和形成花芽、开花、结实。若遇到高温天气或在夏季，需遮掉大约30%的阳光。

肥水管理：对肥水要求不多，也怕乱施肥、施浓肥和偏施氮、磷、钾肥，要求遵循"淡肥勤施、量少次多、营养齐全"的施肥（水）原则。

繁殖方法：采用播种和分株法繁殖。

分株繁殖：分株时间最好是在早春土壤解冻后进行。把母株从花盆内取出，抖掉多余的盆土，把盘结在一起的根系尽可能地分开，用锋利的小刀把它剖开成两株或两株以上，分出来的每一株都要带有相当的根系，并对其叶片进行适当地修剪，以利于成活。把分割下来的小株在百菌清1500倍液中浸泡5分钟后取出晾干，即可上盆，也可在上盆后马上用百菌清灌根。装盆后灌根或浇一次透水，在分株后的3~4周内要节制浇水，以免烂根，为了维持叶片的水分平衡，每天需要给叶面喷雾1~3次，不要浇肥。分株后，还要注意阳光过强，可以放在遮阴棚内养护。

景观用途：蛇鞭菊花期长而又管理粗放，花茎挺立、花色清丽，适用于花坛、花境，也是重要的切花材料。

花语：警惕、努力。

二十四、芒草

别称：芒、芭茅。

科属：禾本科芒属。

形态特征：多年生草本，暖季型。植株粗壮，秆高1~2m，密集丛生，直立向上或弯曲向外开散；叶片细长，弧形下垂，具有鲜明的平行于叶脉的条纹；顶生圆锥花序，小穗有芒，初期淡粉色，后变为银白色，大部分种类花期8~10月。

分布：原产地中国、朝鲜、日本等地，我国各处分布广泛。生长在山坡、丘陵低地和河边湿地等开阔地带。

习性：性强健，喜光、耐寒、耐旱，对土壤要求不严；抗逆性强，很少发生病虫害。

养护要点：芒在亚热带地区处于自然分布状态，进行人工栽培时，一般靠根状茎移植。初春或秋季切取根状茎，经过培土、施肥后能迅速萌发，茂盛生长。芒的分蘖力很强，种植方法可视土壤条件而定，若土层深厚、肥沃，种植密度宜稀；若土质瘠薄、肥力差，种植密度可以加大，增加覆盖度，可以减少蒸发，有利于植物生长。

繁殖方法：

(1)播种繁殖：种子散落后，容易自播繁衍。

(2)分株繁殖：春、秋季分株繁殖，将带有根茎的根株栽于湿润土壤中，极易成活。

景观用途：芒的适应性广泛，生命周期及观赏期长，叶形、叶态、叶色、斑纹优美，圆锥花序美观，常用于花境、花坛、岩石园；也可点缀庭院，孤植、丛植均宜，还可盆栽观赏。

二十五、八宝景天

别称：景天、活血三七、对叶景天、白花蝎子草。

科属：景天科景天属。

形态特征：多年生肉质草本植物。块根胡萝卜状；茎直立，高30～70cm，不分枝，全株略被白粉，呈灰绿色；叶对生，少有互生或3叶轮生，肉质，长圆形至卵状长圆形，长4.5～7cm，宽2～3.5cm，先端急尖，钝，基部渐狭，边缘有疏锯齿，无柄；伞房状花序顶生，花密集，直径约1cm，花梗稍短或同长；花瓣5，白色或粉红色，宽披针形，花期8～10月；蓇葖果。

分布：原产中国，现各地多有栽培应用。

习性：喜强光，耐寒性强，耐干旱瘠薄；宜排水良好的砂质壤土，忌雨涝积水；适宜干燥、通风良好的环境。

繁殖方法：以分株、扦插繁殖为主，也可于早春进行播种繁殖。

景观用途：八宝叶片翠绿，花序繁密鲜艳，适于花坛、花境栽植用，也可大片丛植或点缀岩石园，还可作室内盆栽植物观赏。

二十六、白头翁

别称：奈何草、粉乳草、白头草、老姑草。

科属：毛茛科白头翁属。

形态特征：多年生宿根草本。株高 20～40cm，全株密被白色长柔毛；地下具肥厚块茎，圆锥形，有纵纹；叶基生，3 出复叶，具长柄，边缘有锯齿；花单朵顶生，径 3～4cm，萼片花瓣状，蓝紫色，外被白色柔毛，花期 3～5 月，花后羽毛状花柱宿存。

分布：原产中国，东北、华北、江苏等地多有分布。

习性：喜凉爽气候，耐寒；疏荫下生长良好，宜排水良好、土层深厚的砂质壤土，不耐盐碱和低湿。

繁殖方法：

(1) 播种繁殖：播种既可春播，也可秋播。因种子细小，播种要精细，以盆播为宜，

种子采收后应立即播种。发芽适温为 18～21℃，要保持土壤湿润，发芽天数 2～3 周。幼苗长至 3～5cm 时，按株距 15cm 定植。生育温度为日温 15～18℃，夜温 6～9℃。

(2) 分株繁殖：分株宜在秋季进行，

景观用途：白头翁花期早、花形优美，常用于布置花坛、花境或自然式植于林间，也可用于盆栽观赏。

花语：日渐单薄的爱、背信之恋。

二十七、大滨菊

别称：西洋滨菊。

科属：菊科滨菊属。

形态特征：多年生草本植物。株高 40～110cm，全株光滑无毛；茎直立，少分枝；叶互生，基生叶披针形，具长柄，茎生叶线形，稍短于基生叶，无叶柄；头状花序单生于茎顶，舌状花白色，多 2 轮，有香气；管状花两性，黄色；花期 5～7 月，果熟期 8～9 月，瘦果。

分布：原产英国，现各地均有栽培。

习性：性喜阳光，耐半阴；喜温暖湿润，耐寒性强，适生温度为 15～30℃；不择土壤，微碱或微酸性土均能生长。

繁殖方法：

(1)播种繁殖：播种繁殖多在春季进行，7～10 天发芽，发芽整齐。

(2)分株繁殖：春、秋季皆可进行。分株繁殖比较容易，且分株成活率高，开花快。时间多选在春季萌芽较大时进行，容易掌握芽眼多少及分株大小。

(3)扦插繁殖：以软枝扦插较易成活，多在春季进行。插穗选择母株基部萌芽，待芽长至 5～8cm 时从芽基部剪取，插于素沙做成的插床上，保持温度并适当遮阴，2 周左右即可生根，生根后的植株可直接定植。

景观用途：多用于庭院绿化或布置花坛、花境，花枝是优良的切花材料。

二十八、佛甲草

别称：万年草、佛指甲、白草。

科属：景天科景天属。

形态特征：多年生肉质草本。株高 10～20cm；茎初生时直立，后下垂，有分枝；叶常 3 叶轮生，线形，少有对生；花序聚伞状，顶生，疏生花，花莛直立；萼片 5，线状披针形；花瓣 5，黄色，花期 4～5 月；种子小，果期 6～7 月。

分布：原产中国及日本。

习性：喜阳光充足，不耐寒；耐旱，对土壤要求不严。

繁殖方法：

(1)播种繁殖：播种主要适合于雨季或阴天进行，要求地势平坦，土壤疏松、湿润。把生长旺盛的茎叶剪成 3～4cm 的小段，均匀地播种在整好的畦内，用细土覆盖后进行喷灌，要求保持土壤湿润，1 周左右即可生根。

(2)扦插繁殖：扦插繁殖适合于夏、秋两季进行。把生长旺盛的茎叶剪成 10cm 左右，以 3～4 根为 1 组，扦插于沟内，埋土深度 3～

4cm。每隔 3 天灌水 1 次，2 ~ 3 次即可。

（3）移栽繁殖：移栽在春、夏、秋三季均可进行。把植株从苗圃地带根移出，以株距 5cm 进行定植。定植完后整平地块，进行灌水。

景观用途：佛甲草株丛紧密，扩展能力强，是优良的地被植物，宜作模纹花坛或布置岩石园；它不仅生长快，而且根系纵横交错，与土壤紧密结合，能防止表土被雨水冲刷，故可作为护坡和屋顶绿化的植物材料。

二十九、芙蓉葵

别称：草芙蓉、紫芙蓉、秋葵。

科属：锦葵科木槿属。

形态特征：宿根草本。株高 1 ~ 2m，落叶灌木状，直系根发达；茎粗壮，斜出，基部木质化，光滑被白粉；单叶互生，叶大，卵形，缘具疏浅齿，叶柄、叶背密生灰色星状毛；花大，单生于叶腋，花径可达 20cm，有白、粉、红、紫等色；花期 6 ~ 8 月；蒴果，种子圆形，棕褐色，种皮易胀裂。

分布：芙蓉葵原产北美，我国多分布于华北和华东地区。

习性：性强健，耐寒、耐热，喜湿、忌干旱，耐盐碱；宜温暖湿润气候，对土壤要求不严。

养护要点：芙蓉葵萌发力和生长势都很强，开花多，花期长，生长期应该补充磷、钾肥。每次开花过后，应及时修剪，把上次开花后的空枝及形成的种子剪除，这样可以增加下一个开花高峰的花量。尤其第二高峰过后，更应及时修剪保证下一次花的量与质，如任其自然生长，后期花量也相应减少。

繁殖方法：繁殖可用播种、扦插、分株和压条等法繁殖。常采用扦插法，在生长期间取半木质化的枝条，插入湿润砂壤土中，大概 1 个月生根。

景观用途：芙蓉葵适应性较强，常用作花境，或丛植于墙垣、建筑角隅，也可用作花篱。

三十、荷兰菊

别称：柳叶菊。

科属：菊科紫菀属。

形态特征：多年生草本。株高 50 ~ 150cm，全株被粗毛；须根较多，有地下走茎；茎丛生，粗壮，多分枝；叶呈线状披针形，光滑、近全缘，幼嫩时微呈紫色；头状花序伞房状着生，花较小，紫红、淡蓝或白色，花期为 8 ~ 10 月。

分布：原产北美，我国各地均有栽培。

习性：性喜阳光充足和通风的环境，适应性强；喜湿润，耐干旱、耐寒、耐瘠薄；对土壤要求不严，适宜在肥沃和疏松的砂质土壤生长。

繁殖方法：

(1)播种繁殖：播种期为 7 月下旬 ~ 8 月中旬。于温室内温暖向阳处盆播或畦播，在室温不低于 15℃ 左右条件下，7 天左右可出齐苗。待苗高 5cm 时及时进行第一次分栽以免徒长；5 月上旬进行第二次分栽定植，根据需要植入大盆或直接地栽。

(2)分蘖繁殖：荷兰菊分蘖能力很强，分蘖植株可单独割离分栽。分栽时间一般选择在初春土壤解冻、母株刚长出丛生叶片后。挖出越冬的地下根，用刀将原坨割成几块，分别栽植，其分蘖苗成活率极高。可利用此法将多年生植株大量繁殖。

(3)扦插繁殖：多年生植株在开春后长出大量分蘖苗，可用刀将幼小的分蘖苗切取卜来进行扦插。用素沙土或珍珠岩、蛭石作基质，温度保持在 20℃ 以上，需遮阴或采用全光照喷雾装置保持空气湿度，半个月左右即可生根。生根植株可直接定植入盆或入畦。

(4)嫁接繁殖：采用野生黄蒿作砧木进行嫁接栽培，效果较好。

病虫害防治：

病害：荷兰菊常发生白粉病和褐斑病．可用 65% 甲基托布津可湿性粉剂 600 倍液喷洒。

虫害：主要有蚜虫危害，可用 50% 敌敌畏乳油 1000 倍液喷杀。

景观用途：荷兰菊枝叶繁茂，花色雅致，适于盆栽观赏和布置花坛、花境等，也可丛植于路旁、林缘，还可作为切花材料。

三十一、荆芥

别称：香荆荠、线荠、四棱杆蒿、假苏。

科属：唇形科荆芥属。

形态特征：多年生草本。株高 30~50cm；茎基部木质化，多分枝，基部近四棱形，上部钝四棱形，具浅槽，被白色短柔毛；叶卵状至三角状心脏形，先端钝至锐尖，两面被短柔毛；花序为聚伞状，苞叶叶状，花冠蓝色，下唇具紫点，外被白色柔毛，二唇形，花期 7~9 月；小坚果卵形，几三棱状，灰褐色，果期 9~10 月。

分布：日本及我国西北、华北、华中、西南等地区有分布。

习性：喜温暖、湿润气候，耐半阴；耐寒；宜肥沃、排水良好的土壤。

繁殖方法：播种或扦插繁殖。

病虫害防治：

病害：主要有立枯病、茎枯病和黑斑病。防治方法：①实行轮作。②发现病株应及时拔除，集中烧毁。③发病初期选用50%多菌灵、50%甲基托布津、65%退菌特等喷雾防治。

虫害：主要有地老虎、蝼蛄、银纹夜蛾等。防治方法：①栽植前用锌硫磷等进行土壤处理。②发生严重时喷洒菊酯类农药。

景观用途：荆芥株丛紧密，芳香馥郁，是优良的蜜源植物，可用于庭院、住宅区的绿化和香化，也可布置花坛、花境或盆栽观赏。

三十二、菊芋

别称：洋姜。

科属：菊科向日葵属。

形态特征：多年生草本。株高 1~3m，有块状的地下茎及纤维状根；茎直立，有分枝，被白色短硬毛或刚毛；叶通常对生，有叶柄，但上部叶互生；下部叶卵圆形或卵状椭圆形，有长柄，基部宽楔形或圆形，边缘有粗锯齿，有离基三出脉，；头状花序较大，少数或多数，单生于枝端；总苞片多层，披针形；托片长圆形，花黄色，花期 8 ~ 10 月；瘦果小，楔形，上端有 2 ~ 4 个有毛的锥状扁芒。

分布：原产北美洲，经欧洲传入中国，现中国大多数地区有栽培。

习性：喜温暖，耐寒性强；喜阳光充足；喜富含腐殖质的黏性土壤。

养护要点：菊芋的地上茎和叶片上长有类似茸毛的组织，可大大减少水分蒸发。当干旱严重到一定程度时，地下茎会拿出尽可能多的养分、水分供给地上部分茎叶生长。荒漠地区风大、干燥、沙土流动性强，菊芋能在较深的沙土中顶出地面，只要覆盖的沙土厚度不超过 50cm，菊芋皆可正常萌发。在生长期内，无需施肥、打药、除草、管理，在适合它生长的环境中，生命力极强。

繁殖方法：

（1）播种繁殖：一般在春季播种。播种适宜时间为土壤解冻后 3 月下旬至 4 月上中旬。

（2）分株繁殖。

景观用途：菊芋植株高大，花色金黄，适宜作花境，或丛植于路旁、林缘，也可作切花材料；在荒漠地区，菊芋是极好的固沙、治沙植物材料。

三十三、狼尾草

别称：大狗尾草、老鼠狼、狗仔尾。

科属：禾本科狼尾草属。

形态特征：多年生草本。株高 50 ~ 100cm，须根较粗壮；茎直立，丛生；叶片线形，扁平，具脊；穗状圆锥花序顶生，小穗通常单生，偶有双生，线状披针形，具有较长的紫色刚毛；花期 7 ~ 11 月；颖果长圆形，果期夏秋季。

分布：原产中国、日本及东亚其它地区，现广泛应用。

习性：适应性强，对土壤要求不严，耐贫瘠；喜阳光充足也耐半阴；耐寒性强、耐旱、耐湿；生长迅速，耐移植，萌发力强。

养护要点：及时拔除杂草，每年施 1 ~ 2 次追肥，肥料以人畜粪水为主。

繁殖方法：

（1）播种繁殖：直播，于 2～3 月间进行。将种子均匀撒入整好的苗床，覆盖一层细土。

（2）分株繁殖：将草带根挖起，切成数丛，按行距 15cm×10cm 开穴栽种，然后可盖土浇水。

病虫害防治：狼尾草少有病虫害。

景观用途：狼尾草的花序形似狼尾，叶色多变，观赏性强，常用作点缀植物，或丛植、片植，也可作固堤防沙植物。

三十四、宿根亚麻

别称：多年生亚麻、豆麻。

科属：亚麻科亚麻属。

形态特征：多年生草本。株高 20～90cm；直根粗壮，根颈半木质化；茎多数，直立或仰卧，中部以上多分枝，基部木质化；叶互生，叶片狭条形或条状披针形，全缘、内卷，先端锐尖，基部渐狭；花多数，组成聚伞花序，蓝色、蓝紫色、淡蓝色，直径约 2cm；花梗细长，直立或稍向一侧弯曲；萼片 5，卵形，花瓣 5，倒卵形；花期 6～7 月；种子椭圆形，褐色，果期 8～9 月。

分布：原产中国西南、北部，及俄罗斯、西亚、欧洲等地。

习性：性强健，耐寒，较耐干旱；喜阳光充足的环境，宜排水良好的土壤；须根长，不耐移植。

养护要点：小苗植株纤弱，易被野草覆没，应加强中耕除草；施肥要遵循薄肥多施的原则。

繁殖方法：

（1）播种繁殖：宿根亚麻繁殖以播种为主，春、秋均可进行，春播时间为 4～5 月，秋播为 9 月中下旬，北方地区宜春播。播种最适温度为 15～20℃ 。

（2）分株繁植：结合移栽进行分株繁殖，但用此种方法，繁殖量易受到苗源的限制。

景观用途：宿根亚麻花期长，花量大，栽培管理方便，可应用于花坛、花境，也可丛植于路旁、林缘、湖畔、山坡等处。

三十五、玉簪

别称：玉春棒、白鹤花、白玉簪。

科属：百合科玉簪属。

形态特征：多年生草本。株高 50～80cm，根状茎粗厚；叶卵状心形、卵形或卵圆形，叶大，长 14～24cm，宽 8～16cm，先端近渐尖，基部心形，叶柄长 20～40cm；总状花序顶生，花葶高出叶片，具几朵至十几朵花；花的外苞片卵形或披针形，内苞片很小；花单生或 2～3 朵簇生，白色，芬香，花期 6～8 月；蒴果圆柱状，有三棱。

分布：原产中国，后传至日本及欧洲，现各国均有栽培。

习性：阴性植物，性强健，耐寒冷，忌强烈日光照射；要求土层深厚、排水良好且肥沃的砂质壤土。

养护要点：玉簪是较好的喜阴植物，露天栽植以不受阳光直射的遮阴处为好。冬季入室，可在 0～5℃ 的冷室内越冬，翌年春季再换盆、分株；露地栽培可稍加覆盖越冬。春季发芽期和开花前可施氮肥及少量磷肥作追肥，促进叶绿花茂；生长期每 7～10 天施 1 次稀薄液肥；冬季适当控制浇水，停止施肥。

繁殖方法：

(1)播种繁殖：秋季种子成熟后采集晾干，翌春 3～4 月播种。播种苗第一年幼苗生长缓慢，要精心养护，第二年迅速生长，第三年便开始开花，种植穴内最好施足基肥。

(2)分株繁殖：春季发芽前或秋季叶片枯黄后，将其挖出，去掉根际的土壤，根据要求用刀将地下茎切开，最好每丛有 2～3 块地下茎，并尽量多地保留根系，栽植于苗床中，翌年可开花。

病虫害防治：

(1)斑点病：主要危害叶片，且多从老叶上叶尖或叶缘开始发病，严重时病斑汇合连片，导致叶片枯黄。一般高温高湿条件有利于病害发生，缺肥、缺水，或大水漫灌、生长不良等都容易发病。防治方法：①加强管理，施足肥料，培育壮苗，注意防雨遮阴，定植后适时浇水，防止大水漫灌。②加强通风，降低温度，及时清除病残体。③发病初期，可用 75% 百菌清可湿性粉剂 500~800 倍液，或 50% 代森铵 800~1000 倍液喷洒，每 5~7 天喷洒 1 次，需 2~3 次。

景观用途：玉簪叶色青翠，花姿优美，芳香浓郁，可用于林下作地被植物，或植于岩石园及建筑物北侧，也可盆栽观赏或作切花用。

花语：脱俗、冰清玉洁。

三十六、紫花地丁

别称：野堇菜、光瓣堇菜。

科属：堇菜科堇菜属。

形态特征：多年生草本。株高 4~14cm，无地上茎；叶多数，基生，莲座状，叶片下部者通常较小，呈三角状卵形或狭卵形，上部者较长，呈长圆形、狭卵状披针形或长圆状卵形，先端圆钝，基部截形或楔形，边缘具较平的圆齿；花中等大，紫堇色或淡紫色，稀呈白色，喉部色较淡并带有紫色条纹；花梗通常多数，细弱，与叶片等长或高出叶片，无毛或有短毛；萼片卵状披针形或披针形；花期 4~5 月；蒴果长圆形，种子卵球形，淡黄色。

分布：原产中国、朝鲜、日本等地。

习性：性强健，喜光耐半阴；耐寒，不择土壤，适应性极强，能自播繁殖。

养护要点：紫花地丁抗性强，生长期无需特殊管理，可在生长旺季，每隔 7~10 天追施 1 次有机肥，生长更加强健。

繁殖方法：

（1）播种繁殖：春播 3 月上、中旬进行，秋播 8 月上旬进行。播种时可采用撒播法，将种子均匀地撒在浸润透的床土上，播种后用细筛筛过的细土覆盖，覆盖厚度以不见种子为宜。播种后控制温度 15~25℃之间，1 周左右出苗。

（2）分株繁殖：分株时间在生长季都可进行。春季进行分株会影响开花，在夏季分株应注意遮阴。

病虫害防治：

(1)叶斑病：染病初期只是一个个小褐点儿，如不及时治疗会产生大片的黑斑，叶片枯黄死掉。防治方法：一旦发现染病，应立即用百菌清 800 倍液，进行叶面喷雾，每周 1 次，连续 2 ~ 3 次。

(2)虫害：主要有介壳虫、白粉虱等，可用 40% 氧化乐果 1000 ~ 1500 倍液喷洒。

景观用途：紫花地丁花期早，植株低矮，生长整齐，株丛紧密，适合用于花坛、花境，或作地被，也可盆栽观赏。

三十七、长叶婆婆纳

别称：长尾婆婆纳。

科属：玄参科婆婆纳属。

形态特征：多年生草本。株高 35 ~ 100cm；地下根褐色，根茎粗壮；茎直立，有时在上部分枝，坚硬，被稀疏的白柔毛；叶对生，长圆状披针形或披针形，先端渐尖，两面淡绿色，光滑无毛，叶脉明显突起；花序总状，着生在茎顶端，苞片线形，长于花梗；花冠蓝色或蓝紫色，稍带白色，花期 6 ~ 7 月；蒴果倒心脏形，膨大，种子卵形，果期 8 ~ 9 月。

分布：原产中国。

习性：喜温暖，耐寒性较强；喜光，耐半阴；对土壤条件要求不严，宜肥沃、深厚的土壤。

养护要点：4 月上旬返青，生长适温为 15 ~ 25℃；进入越冬期后，浇 1 次防冻水；地面温度升到 0℃ 以上之后，剪除根部以上枯萎部分，浇 1 次返青水。

繁殖方法：

(1)播种繁殖：盆播在 3 ~ 4 月进行，播后覆盖细土，盖上玻璃，保持在 20℃ 的温度，约 20 天发芽。露地播种于 4 ~ 5 月进行，覆盖塑料薄膜，约 30 天可发芽。

(2)分株繁殖：3 月下旬 ~ 4 月中旬进行，一般选择 2 ~ 3 年生的老根萌发的植株。将老植株挖出并抖去泥土，用刀将植株分割成数丛，要保持每株有 6 ~ 8 个芽；切割后，将植株有伤口的地方放入 500 倍的多菌灵药液中，浸泡 15 分钟进行消毒，在自然光下晾干后栽植。

病虫害防治：

（1）白粉病：于发病初期用70%的甲基托布津可湿性粉剂1000倍液，或50%的多菌灵可湿性粉剂500倍液，交替喷洒植株，每隔7~10天喷1次，连续进行2~3次。

景观用途：长叶婆婆纳叶形美观，花序雅致，极具观赏性，常用于布置花境、花带，或丛植及片植观赏。

三十八、垂盆草

别称：狗牙瓣、石头菜。

科属：景天科景天属。

形态特征：多年生肉质常绿草本。株高10~20cm；不育枝及花茎细，匍匐而节上生根；3叶轮生，叶倒披针形至长圆形，先端近急尖，基部急狭，有距；聚伞花序，有3~5分枝，花少，花无梗；花瓣5，黄色，花期5~7月；种子卵形，果期8月。

分布：原产中国、日本及朝鲜。

习性：适应性强，较耐旱、耐寒；喜温暖湿润、半阴的环境；不择土壤，在疏松的砂质壤土中生长较佳。

养护要点：垂盆草生长速度快，需水量较大，在半阴条件下生长良好，遇强光则叶片发黄；生长过程中每半月少量施用1次复合化肥，施肥后要立即浇灌清水，以防肥料烧伤茎叶或根系；不择土壤，田园土、中性土、砂壤土均能生长，生命力极强，茎叶落地即能生根。垂盆草生长适温为15~25℃，越冬温度为5℃。

繁殖方法：

（1）播种繁殖。

（2）分株繁殖：分株繁殖宜在早春进行。

（3）扦插繁殖：扦插繁殖一般在春季或秋季进行。从成年植株上采集垂盆草的匍匐茎，将匍匐茎剪切成3~5cm的小段，扦插在预先准备好的扦插床内；扦插后喷灌水，水要浇足，保持扦插床内土壤湿润，温度为在20~25℃，10~15天即能生根。

病虫害防治：垂盆草易染灰霉病、炭疽病、白粉病等，常危害叶片、嫩枝和花，被害部位产生暗绿色、褐色、紫褐色病斑。防治方法：发病时可用50%多菌灵可湿性粉剂800倍液、80%代森锌500倍液、75%百菌清500溶液交替喷洒。

景观用途：垂盆草叶色青翠，覆盖性强，耐粗放管理，是作为屋顶绿化、地被、护坡等用途的优良植物品种，可布置花坛、花境、岩石园或作镶边材料，还可盆栽吊挂欣赏。

三十九、多叶羽扇豆

别称：鲁冰花。

科属：豆科羽扇豆属。

形态特征：多年生草本。株高 90～150cm；茎粗壮直立，全株无毛或上部被稀疏柔毛；叶多基生，掌状复叶，小叶 9～16 枚，披针形至倒披针形，表面光滑，叶背具粗毛；总状花序顶生，远长于复叶，花多而稠密；花冠蓝色至堇青色，花期 5～6 月；荚果长圆形，种子卵圆形，具深褐色斑纹，平滑，果期 7～10 月。

分布：原产北美。

习性：喜凉爽的气候，忌炎热；喜阳、耐半阴，耐寒；不耐盐碱，在土层深厚、排水良好的微酸性土壤中生长良好。

养护要点：多叶羽扇豆喜阳光充足、土层深厚及排水良好之地，在酸性土壤及夏季凉爽的环境中，可多年生长开花；生长期每半月施肥 1 次，花前增施磷肥、钾肥 1～2 次，花后及时剪除残花；在夏季炎热多雨地区，常不能安全越夏，作二年生栽培。

繁殖方法：

(1)播种繁殖：春、秋可播种繁殖，播种第一年无花，翌年开始着花。

(2)分株繁殖：春、秋也可分株繁殖，株距 30～50cm。

病虫害防治：多叶羽扇豆易染叶斑病，初期下部叶片及茎上出现很多斑点，灰褐色至黑色，被害植株叶片早期枯死，豆荚出现病斑并凹陷坏死。防治方法：发病时可用50%多菌灵可湿性粉剂1000倍液喷洒。

景观用途：多叶羽扇豆叶形优美，花序醒目，花色丰富，宜布置花境背景，或丛植于林缘，亦可盆栽观赏或作切花材料。

花语：苦涩。

四十、荷包牡丹

别称：兔儿牡丹。

科属：罂粟科荷包牡丹属。

形态特征：多年生草本。株高 30～60cm；茎带红紫色；叶对生，有长柄，嫩绿色，被白粉，二回三出羽状复叶，全裂；总状花序顶生呈拱形，花两侧对称；萼片 2 枚，早落；花瓣 4 片，外侧 2 片为淡红色，基部呈囊状，内侧 2 片为白色，伸出于外方花瓣之外，花期 4～5 月。

分布：原产中国。

习性：耐寒性强，不耐夏季高温；喜湿润，耐半阴，不耐干旱；宜富含腐殖质及排水良好的砂质壤土。

养护要点：生长期最好浇 1～2 次花生麸水，花后剪掉残花，将植株置于半阴处进行夏季休眠。如想使荷包牡丹春季开花，待秋季落叶后，放于冷室，至 12 月中旬再移至 12～13℃温室内，经常保持湿润，2 月份即可开花。

繁殖方法：以分株繁殖为主，春季当新芽开始萌动时进行最好，也可秋季萌芽期进行。

病虫害防治：主要有叶斑病危害。防治方法：①及时清理染病植株，集中烧毁。②轮作。③不宜对植株喷浇。④从发病初期开始喷药，防止病害扩展蔓延。常用药剂有 25% 多菌灵可湿性粉剂300～600 倍液，50% 甲基托布津 1000 倍液，70% 代森锰 500 倍液及 50% 克菌丹 500 倍液等。要注意药剂的交替使用，以免病菌产生抗药性。

景观用途：荷包牡丹叶丛美丽，花朵玲珑，形似荷包，色彩绚丽，是盆栽和切花的好材料，也适宜于布置花境、岩石园和在树丛、草地边缘湿润处丛植，景观效果极好。

花语：答应追求、答应求婚。

四十一、蒲公英

别称：华花郎、蒲公草。

科属：菊科蒲公英属。

形态特征：多年生草本。株高 10～25cm；根圆柱状，黑褐色，粗壮；叶倒卵状披针形、倒披针形或长圆状披针形，逆向羽状深裂或大头羽状深裂，裂片间常夹生小齿，叶柄及主脉常带红紫色，疏被蛛丝状白色柔毛；花莛数个，与叶等长或稍长；头状花序，舌状花黄色，花期 4～6 月；瘦果，倒卵状披针形，暗褐色，果期 5～10 月。

分布：原产中国，朝鲜、蒙古、俄罗斯也有分布。

习性：性健壮，喜阳光充足，耐寒，耐旱，耐涝；不择土壤，宜肥沃、湿润疏松的土壤。

繁殖方法：播种或分株繁殖。播种繁殖在 4～9 月间均可进行。

病虫害防治：

病害：蒲公英抗病力强，很少发生病害，感染病菌大部分是由于地下害虫咬伤根部引起感染所致。常见病害有叶斑病，发病前期可喷 1：1：120 的波尔多液，或 50% 甲基托布津 800～1000 倍液防治。

虫害：蒲公英根系为肉质直根系，地下害虫危害较为严重，主要有蝼蛄、地老虎等。防治方法：①在种植地块提前一年秋翻晒土及冬灌，可杀灭虫卵、幼虫及部分越冬蛹。②糖醋液、马粪和灯光诱虫，清晨集中捕杀。③危害严重时可用 5% 辛硫磷颗粒剂 1～1.5kg 与 15～30kg 细土混匀后撒入地面并耕耙，或于定植前沟施毒土。

景观用途：蒲公英花期早，花朵雅致，花后果序似白色绒球，适宜作疏林地被或布置缀花草坪。

花语：开朗。

四十二、银叶菊

别称：雪叶菊。

科属：菊科千里光属。

形态特征：多年生草本。株高 20～40cm，全株均被银白色柔毛；茎直立，多分枝；叶互生，1～2 回羽状分裂；头状花序单生枝顶，花小、黄色，花期 6～9 月。

分布：原产地中海沿岸，各地多有栽培。

习性：喜阳光充足，不耐酷暑，高温高湿时易死亡；喜温暖，较耐寒，忌水湿；宜疏松肥沃、排水良好的土壤。

养护要点：银叶菊的生长最适温度为 20～25℃，在 25℃时，萌枝力最强。在开花之前进行两次摘心，可促使萌发更多的开花枝条：幼苗长至 6～10cm 并有 6 片以上的叶片后，把顶梢摘掉，保留下部的 3～4 片叶，促使分枝。在第一次摘心 3～5 周后，进行第二次摘心，即把侧枝的顶梢摘掉，保留侧枝下面的 4 片叶。

繁殖方法：

（1）播种繁殖：一般在 8 月底～9 月初播于露地苗床，约半个月出芽整齐，苗期生长缓慢。待长有 4 片真叶时上 5 寸盆或移植大田，翌年开春后再定植上盆。

（2）扦插繁殖：插穗生根的最适温度为 18～25℃，若低于 18℃，插穗生根困难、缓慢；若高于 25℃，插穗的剪口容易受到病菌侵染而腐烂，并且温度越高，腐烂的比例越大。扦插后必须保持空气的相对湿度在 75%～85%。扦插后需把阳光遮掉 50%～80%，待根系长出后，再逐步移去遮光网。

景观用途：银叶菊株丛低矮紧密，银白色的叶片远看像一片白云，与其它色彩的花卉配置栽植，效果极佳，是良好的花坛观叶植物。

四十三、紫萼

别称：紫花玉簪。

科属：百合科玉簪属。

形态特征：多年生草本。株高约 40cm；叶基生，卵形至卵圆形，叶片质薄，叶柄沟槽浅；总状花序顶生，着花 10 朵以上，淡堇紫色，花期 6～7 月；蒴果圆柱状，有三棱，果期 7～9 月。

分布：原产中国。

习性：喜温暖湿润气候，耐阴，忌阳光长期直射；耐寒力强，对土壤要求不严格。

养护要点：紫萼具有较强的适应能力，管理粗放，分蘖力和耐寒力极强，一般 4 月上、中旬返青，9 月下旬起进入枯萎期。

繁殖方法：播种或分株繁殖。

病虫害防治：

（1）白绢病：主要是植株间过于密集、雨季积水时间过长造成的。病株根颈表皮呈褐色水渍状，长有白色菌丝，导致叶柄基部腐烂、倒伏。防治方法：发病初期用 50% 多菌灵 600～800 倍液或 25% 克枯星 300～400 倍液浇灌基部。

（2）炭疽病：主要是多雨时节排水不畅、湿度过大造成的。主要危害叶片、叶柄和花梗，植株长有圆形或近圆形病斑，呈灰褐色或灰白色。防治方法：喷施 70% 甲基托布津 600～800 倍液，或 80% 炭疽福美 600 倍液。

景观用途：紫萼花姿、花色雅致，观赏性强，宜布置花坛、花境、岩石园，或丛植于林缘，也可盆栽观赏及作切花材料。

四十四、画眉草

别称：星星草、蚊子草。

科属：禾本科画眉草属。

形态特征：多年生草本。株高 30～40cm；秆丛生，直立或基部膝曲，通常具 4 节，光滑；叶鞘松裹茎，长于或短于节间，扁压；叶片线形扁平或卷缩，无毛；圆锥花序开展或紧缩，多直立向上，腋间有长柔毛；花初期淡绿色，后转为红褐色，花期 6～10 月；小穗成熟后暗绿色或带紫色，颖果长圆形。

分布：分布于全世界温暖地区，多生于荒芜田野草地上。

习性：适应性强，耐干旱；对土壤要求不严。

养护要点：出苗后，要注意拔除杂草；生长期追肥 1～2 次，肥料以人畜粪水为主；天旱时注意灌水。

繁殖方法：播种或分株繁殖。

景观用途：画眉草是优良饲料，可作保土固坡植物，也可布置花坛、花境、花带。

四十五、蓝刺头

别称：禹州漏芦。

科属：菊科蓝刺头属。

形态特征：多年生草本。株高 40～80cm；茎直立，粗壮，被白色绵毛；叶互生，质地薄，纸质，两面异色，上面绿色，被稠密短糙毛，下面灰白色，被薄蛛丝状绵毛；复头状花序单生茎枝顶端，小花淡蓝色或白色，花冠 5 深裂，裂片线形，花冠管无腺点或有稀疏腺点；瘦果倒圆锥状，花果期 7～9 月。

分布：中国、欧洲中部及南部都有广泛分布。

习性：喜阳光充足，耐寒；对土壤要求不严。

繁殖方法：播种或分株繁殖。

景观用途：蓝刺头可制成自然的干燥花或作切花材料，适用于花坛、花境。

四十六、勋章菊

别称：勋章花、非洲太阳花。

科属：菊科勋章菊属。

形态特征：多年生草本植物。株高 20～40cm，具根茎；叶丛生，披针形或倒卵状披针形，全缘或有浅羽裂，叶背密被白绵毛；头状花序单生，具长总梗，舌状花单轮或 1～3 轮，黄、橙红色等，筒状花黄色或黄褐色，花期 5～10 月。

分布：原产欧洲。

习性：喜阳光，耐旱，稍耐寒；喜冬季温暖、夏季凉爽的气候；宜疏松肥沃、排水良好的土壤。

繁殖方法：

(1)播种繁殖。

(2)分株繁殖：在春季茎叶生长前，将越冬的母株挖出，用刀在株丛的根颈部纵向切开，分成若干丛，每丛必须带芽和根系。

(3)扦插繁殖：春、秋两季均可进行扦插。用芽作插穗，留顶端

2片叶，如叶片大，可剪去1/2，以减少叶面水分蒸发。插入沙床里，控温20～25℃，保持较高的空气湿度，一般扦插后20～25天生根。

景观用途：勋章菊花型奇特，花期长，常用于布置花坛、花境，也可盆栽观赏或作切花材料。

第三节　球根花卉

一、美人蕉

科属：美人蕉科美人蕉属。

形态特征：多年生球根根茎类草本花卉。株高可达100～150cm；粗壮、肉质的根茎横卧在地下，不分枝；茎叶具白粉，叶互生，宽大，长椭圆状披针形；总状花序自茎顶抽出，花径可达20cm，花瓣直伸，花色有乳白、鲜黄、橙黄、橘红、粉红、大红、紫红、复色斑点等；花期北方6～10月，南方全年。

分布：原产美洲、印度、马来半岛等热带地区，分布于印度以及中国大陆的南北各地，生长于海拔800m的地区，目前已由人工引种栽培。

习性：喜温暖和充足的阳光，不耐寒、忌干燥；要求土壤深厚、肥沃，盆栽要求土壤疏松、排水良好。在温暖地区无休眠期，可周年生长，在22～25℃温度下生长最适宜；5～10℃将停止生长，低于0℃时就会出现冻害。

养护要点：生长季节经常施肥，露地栽培的最适温度为13～17℃。北方需在下霜前将地下块茎挖起，贮藏在温度为5℃左右的环境中，江南可在防风处露地越冬。另外应特别注意：

(1)分栽时必须带芽分割根茎。

(2)根茎宜干燥贮藏，受潮易腐烂。

(3)花后随时剪去花茎，减少养分消耗，促其连续开花。

繁殖方法：

(1)播种繁殖：4～5月份将种子坚硬的种皮用利具割口，温水浸种 1 昼夜后露地播种，播后 2～3 周出芽，长出 2～3 片叶时移栽一次，当年或翌年即可开花。

（2）分株繁殖：在 4～5 月间芽眼开始萌动时进行，将根茎每带 2～3 个芽为一段切割分栽。

病虫害防治：

（1）花叶病：感病植株的叶片上出现花叶或黄绿相间的花斑，花瓣变小且形成杂色，植株发病较重时叶片变成畸形、内卷，斑块坏死。防治方法：① 由于美人蕉是分根繁殖，易使病毒年年相传，所以在繁殖时，应选用无病毒的母株作为繁殖材料。发现病株立即拔除销毁，以减少侵染源。② 该病是由蚜虫传播，使用杀虫剂防治蚜虫，减少传病媒介。可用 40% 氧化乐果 2000 倍液，或 50% 马拉硫磷、20% 二嗪农、70% 丙蚜松各 1000 倍液喷施。

（2）芽腐病：美人蕉展叶、开花之前，芽腐病细菌通过幼叶和花芽的气孔侵入危害；展叶时，叶片上出现许多小点病斑，并逐渐扩大，受侵染的花芽在开花前变黑而枯死。防治方法：①选用健康的根茎作繁殖材料，对怀疑带菌的根茎，在栽植前用链霉素 500～1000 倍液浸泡 30 分钟，既可防病，又可促进芽、枝生长。②植株发病早期喷施波尔多液(1∶1∶200)。

景观用途：美人蕉是园林常见的灌丛边缘、花坛、花境材料，具有净化空气、保护环境作用，能吸收二氧化硫、氯化氢以及二氧化碳等有害物质。

花语：坚实的未来。

二、大丽花

别称：大理花、天竺牡丹、东洋菊。

科属：菊科大丽花属。

形态特征：植株高约 1.5m；叶对生，羽状复叶；头状花序中央有无数黄色的管状小花，边缘是长而卷曲的舌状花，有各种绚丽的色彩；大丽花有膨大的块根，其中贮藏着大量的养料，可作自身无性繁殖。

分布：原产墨西哥高原，我国引种始于 400 多年前。

习性：大丽花性喜阳光，喜疏松肥沃、排水好的土壤，适应全国不同气候及土质，病虫害少，易管理，繁殖简便。

养护要点：

(1)上盆时间：一般在10月中旬，每盆1~2株，上盆后喷施新高脂膜在植株表面，使植株快速成长。

(2)摘心：当苗长高10~12cm时，留2个节摘顶，培养每盆枝条达6~8枝；最后一次摘心在离春节前40~50天进行，以便控制春节期间开花。

(3)浇水：每天浇水2~3次，需要开花前可适当控水促花。

(4)施肥：前期以施氮肥为主，后期以施磷钾肥为主。一般每10天施无机肥1次，每月施有机肥1次。定期喷药保护脚叶。

(5)绑竹：在最后一次摘心并定枝后，开始绑竹，每枝条一支竹片，同时把过多的侧枝摘除，以便通风。

(6)摘蕾：当花蕾长到花生米大小时，每枝留2个花蕾，其它花蕾摘除。花蕾期喷施花朵壮蒂灵，可使花瓣肥大，花色艳丽，花期延长。

(7)定蕾：当花蕾露红时，每枝只留1个花蕾。

繁殖方法：多用扦插和播种法繁殖，以扦插法为主，一般在9~10月份进行。

病虫害防治：大丽花在栽培过程中易发生的病虫害有白粉病、花腐病、螟蛾、红蜘蛛等。

(1)大丽花白粉病：9~11月份发病严重，高温高湿会助长病害发生。被害后植株矮小，叶面凹凸不平或卷曲，嫩梢发育畸形。花芽被害后不能开花或只能开出畸形的花。病害严重时可使叶片干枯，甚至整株死亡。防治方法：①加强养护，使植株生长健壮，提高抗病能力；控制浇水，增施磷肥。②发病时，及时摘除病叶，并用50%代森铵水溶液800倍液或70%甲基托布津1000倍液进行喷雾防治。

(2)大丽花花腐病：多发生在盛花至落花期内，土壤湿度偏大，地温偏高时有利病害的发生。花瓣受害时，病斑初为褪绿色斑，后变黄褐色，病斑扩展后呈不规则状，黄褐色至灰褐色。防治方法；

①植株间要加强通风透光；到达后期，水、氮肥都不能使用过多，要增施磷、钾肥。②蕾期后，可用 0.5% 波尔多液或 70% 甲基托布津 1500 倍液喷洒，每 7~10 天 1 次，有较好的防治效果。

（3）大丽花螟蛾：该虫主要危害大丽花、菊花，以幼虫钻进茎秆危害。受害严重时，植株不能开花，甚至残废。防治方法：一般应在 6 月开始至 9 月，每 20 天左右喷 1 次 90% 的敌百虫原药 800 倍液，可杀灭初孵幼虫。

（4）大丽花棉叶蝉：以成虫和若虫在植株叶背吸汁危害，使叶面出现黄褐色斑点，叶片向背面皱缩，严重时全叶变色枯焦。防治办法：①结合修剪，剪除被害枝叶并处理，以减少虫源。②在成虫危害期，利用灯光诱杀成虫。③在若虫、成虫发生期，可喷洒 90% 晶体敌百虫 1000~1500 倍液，或 40% 氧化乐果乳油 1000~1500 倍液，或 2.5% 溴氰菊酯乳油 1500~2000 倍液进行防治，喷药次数视虫情而定，一般每隔 10 天左右喷一次。

景观用途：大丽花为世界著名花卉，遍布于各地的庭园中，适宜布置花坛、花境或庭前丛植，矮生品种可作盆栽；花朵用于制作切花、花篮、花环等。大丽花还以抗污染著名，其块根含有菊糖，全株可入药，有清热解毒的功效。

花语：感激、新鲜、新颖、新意。

三、石蒜

别称：龙爪花、老鸦蒜、彼岸花、蟑螂花。

科属：石蒜科石蒜属。

形态特征：多年生草本。鳞茎肥大，球形，鳞皮膜质，黑褐色，内为乳白色，直径 2~4cm，基部生多数白色须根，中心有黄白色的芽；叶丛生，带形，长 14~30cm，宽 1~2cm，先端钝，上面深绿色，下面粉绿色，全缘；花茎先叶抽出，中央空心，高 20~40cm；伞形花序，有花 4~6 朵；苞片披针形，膜质；花被 6 裂，鲜红色或有白色边，2 轮排列，狭倒披针形，长 2.5~3cm，无香气，边缘皱缩，向后反卷，花期 9~10 月；蒴果背裂，种子多数，果期 10~11 月。

分布：原产地为东亚的中国、日本，以及东南亚的越南等地，现各处多有栽培应用。

习性：耐寒、喜阴，也能耐阳光和干旱环境，忌强光暴晒；生命力颇强，喜偏酸性土壤，以排水良好、疏松肥沃的腐殖质土为宜。

繁殖方法：用分球、播种、鳞块基底切割和组织培养等方法繁殖，以分球法为主。

（1）分球繁殖：在休眠期或开花后将植株挖起来，将母球附近附生的子球取下种植，一两年便可开花。

（2）播种繁殖：一般只用于杂交育种。由于种子无休眠性，采种后应立即播种，20℃下 15 天后可见胚根露出。自然环境下播种，第一个生长周期只有少数实生苗抽出 1 片叶子，苗期可移植 1 次。实生苗从播种到开花约需 4~5 年。

（3）鳞块基底切割法繁殖：将清理好的鳞茎基底以"米"字型八分切割，切割深度约为鳞茎长的 1/2~2/3。消毒、阴干后插入湿润沙、珍珠岩等基质中。3 个月后鳞片与基盘交接处可见不定芽形成，逐渐生出小鳞茎球，经分离栽培后可以成苗。

（4）组织培养法繁殖：用 MS 培养基，采花梗、子房作外植体材料，经培养，在切口处可产生愈伤组织。1 个月后可形成不定根，3~4 个月后可形成不定芽。用花梗和带茎的鳞片作外植体材料，也可产生不定芽、子球茎。

病虫害防治：

（1）炭疽病和细菌性软腐病：防治方法：①鳞茎栽植前用 0.3% 硫酸铜液浸泡 30 分钟，用水洗净晾干后种植。②发病初期用 50% 苯莱特 2500 倍液喷洒。③每隔半月喷 50% 多菌灵可湿性粉剂 500 倍液防治。

（2）斜纹夜盗蛾：主要以幼虫危害叶子、花蕾、果实，啃食叶肉，咬蛀花茎、种子，一般在春末到 11 月份期间危害。防治方法：可用 5% 锐劲特悬浮剂 2000 倍液喷洒防治。

（3）石蒜夜蛾：其幼虫入侵植株，通常叶片被掏空，且可以直接蛀食鳞茎内部，受害处通常会留下大量的绿色或褐色粪粒。防治方法：①要经常注意叶背有无排列整齐的虫卵，发现即刻清除。②结合冬季或早春翻地，挖除越冬虫蛹，减少虫口基数。③发生时，喷施药剂乐斯本 1500 倍液或辛硫磷乳油 800 倍液，选择在早晨或傍晚幼虫出来活动取食时喷雾，防治效果比较好。

(4)蓟马：蓟马通体红色，主要在球茎发叶处吸食营养，导致叶片失绿，尤其是果实成熟后发现较多。防治方法：可以用 25% 吡虫啉 3000 倍液和 70% 艾美乐 5000~8000 倍液轮换喷雾防治。

(5)蛴螬：发现后应及时采用辛硫磷或敌百虫等药物进行防治。

景观用途：石蒜管理粗放，叶色青翠，红花鲜艳，可做林下地被花卉、花境丛植，或草坪上与山石间自然式栽植。因其先花后叶，所以应与其它较耐阴的草本植物搭配为好。此外，石蒜也可用作盆栽、水养、切花。

四、风信子

别称：洋水仙、西洋水仙、五色水仙、时样锦。

科属：百合科风信子属。

形态特征：多年生球根类草本植物。鳞茎卵形，有膜质外皮，未开花时形如大蒜；叶 4~8 枚，狭披针形，肉质，上有凹沟，绿色有光；花茎肉质，长 15~45cm，总状花序顶生，小花 10~20 朵密生上部，有紫、玫瑰红、粉红、黄、白、蓝等色，芳香，自然花期 3~4 月；蒴果。

分布：原产于西亚及中亚海拔 2600m 以上的石灰岩地区，现在世界各地广泛栽培。

习性：喜冬季温暖湿润、夏季凉爽稍干燥、阳光充足或半阴的环境；喜肥，宜肥沃、排水良好的砂壤土，忌过湿或黏重的土壤。风信子鳞茎有夏季休眠习性，秋冬生根，早春萌发新芽，3 月开花，6 月上旬植株枯萎。

养护要点：风信子在生长过程中，鳞茎在 2~6℃ 低温时根系生长最好。芽萌动适温为 5~10℃，叶片生长适温为 5~12℃，现蕾开花期以 15~18℃ 最有利。鳞茎的贮藏温度为 20~28℃，最适为 25℃，对花芽分化最为理想。

繁殖方法：

(1)分球繁殖：6月份把鳞茎挖回后，将大球和子球分开。由于风信子自然分球率低，一般母株栽植一年以后只能分生1~2个子球，为提高繁殖系数，可在夏季休眠期对大球采用阉割手术，刺激它长出子球。

(2)播种繁殖：多在培育新品种时使用。于秋季播入冷床中的培养土内，覆土1cm，翌年1月底2月初萌发。实生苗培养的小鳞茎，4~5年后开花。一般条件贮藏下种子发芽力可保持3年。

病虫害防治：风信子常见的病害有芽腐烂、软腐病、菌核病和病毒病。种植前基质严格消毒，种球精选并作消毒处理，生长期间每7天喷1次1000倍退菌特或百菌清，交替使用，可以在一定程度上抑制病菌的传播；严格控制浇水量，加强通风管理，控制环境中空气相对湿度，出现病株及时拔除，可以大幅度降低发病率。

景观用途：风信子植株低矮整齐，花色丰富，花姿美丽，色彩绚丽，是早春开花的著名球根花卉之一，适于布置花坛、花境和花槽，也可作切花、盆栽或水养观赏，还可提取芳香油。

花语：只要点燃生命之火，便可同享丰富人生。

五、葱兰

别称：葱莲、玉帘、白花菖蒲莲、韭菜莲、肝风草。

科属：石蒜科玉帘属。

形态特征：多年生常绿草本植物。株高10~20cm；鳞茎卵形，直径较小，有明显的长颈；叶基生，肉质线形，暗绿色，基部以下白色；花葶较短，中空挺直；花单生，花被6片，白色、黄色，长椭圆形至披针形；花冠直径4~5cm，花期7~9月；蒴果近球形，种子黑色，扁平。

分布：原产墨西哥及南美各国，我国栽培广泛。

习性：喜阳光充足环境，也耐半阴和低湿，忌强光直射；喜温暖也稍耐寒，在长江流域可保持常绿，0℃以下亦可存活较长时间，在-10℃左右的条件下，短时不会受冻，但时间较长则可能冻死，宜肥沃、稍带有黏性而排水好的土壤。

养护要点：葱兰的栽植地点应选避风向阳、土质肥沃湿润之处。生长期间应保持土壤湿润，每年追施2~3次稀薄饼肥水，即可生长良好、开花繁茂。盛花期间如发现黄叶及残花，应及时剪掉清除，以保持美观及避免消耗更多的养分。生长期间浇水要充足，宜经常保持盆土湿润，但不能积水。天气干旱还要经常向叶面上喷水，以增加空气湿度，否则叶尖易黄枯。生长旺盛季节，每隔半个月需追施1次稀薄液肥。北方盛夏日照强度大，应放在疏荫下养护，否则会生长不良，影响开花。冬季入室后如能保持一定温度，仍可继续生长和开花。葱兰盆栽时宜选疏松、肥沃、排水畅通的培养土，可用腐叶土或泥炭土、园土、河沙混匀配制。

繁殖方法：葱兰多不结实，主要采用分栽鳞茎的方法繁殖，通常在春季进行。地栽时要施足基肥，种植不宜过深，选3~4个鳞茎一起丛植，一般每3~4年应分栽1次。

景观用途：葱兰叶色翠绿，花繁叶茂，栽培管理粗放，多用于布置夏季花坛、花境或作草地镶边，也可作地被植物，栽于林下、坡地，还可作盆栽观赏。

花语：初恋、纯洁的爱。

六、百合

别称：野百合、淡紫百合。

科属：百合科百合属。

形态特征：多年生草本花卉。株高40~100cm，地下具鳞茎，鳞茎由阔卵形或披针形、白色或淡黄色、直径6~8cm的肉质鳞片抱合成球形，外有膜质层；茎直立，不分枝或少分枝，草绿色，茎秆基部带红色或紫褐色斑点；单叶，互生，狭线形，无叶柄，直接包生于茎秆上，叶脉平行。花着生于茎秆顶端，呈总状花序，簇生或单生，花冠较大，花筒较长，呈漏斗形喇叭状，花朵大，开放时常下垂或平伸；花色因品种不同而色彩多样，有黄色、白色、粉红、橙红，有的具紫色或黑色斑点，也有一朵花具多种颜色；极芳香，花期8~10月；蒴果，长椭圆形。

分布：原产我国南部沿海及西南各地，现主要分布在亚洲东部、欧洲、北美洲等北半球温带地区。

习性：性喜凉爽，忌酷热；耐寒，耐半阴；喜肥沃、土层深厚、排水良好的砂质土壤，最忌硬黏土；多数品种宜在微酸性至中性土壤中生长，土壤 pH 值为 5.5～6.5。

养护要点：百合喜凉爽潮湿环境，日光充足、略荫蔽的环境对百合更为适合，忌干旱和酷暑。百合生长、开花温度为 16～24℃，低于 5℃或高于 30℃生长几乎停止，如果冬季夜间温度低于 5℃持续 5～7 天，花芽分化、花蕾发育会受到严重影响，推迟开花甚至盲花、花裂。

繁殖方法：

（1）播种繁殖：播种繁殖方法主要在育种上应用。秋季采收种子，贮藏到翌年春天播种。播后 20～30 天发芽；幼苗期要适当遮阳。入秋时，地下部分已形成小鳞茎，即可挖出分栽。播种实生苗因种类的不同，有的 3 年开花，也有的需培养多年才能开花，因此此法家庭不宜采用。

（2）分小鳞茎繁殖：如果需要繁殖 1 株或几株，可采用此法。通常在老鳞茎的茎盘外围长有一些小鳞茎，在 9～10 月收获百合时，可把这些小鳞茎分离下来，贮藏在室内的沙中越冬。第二年春季上盆栽种。培养到第三年 9～10 月，即可长成大鳞茎而培育成大植株。此法繁殖量小，只适宜家庭盆栽繁殖。

（3）鳞片扦插繁殖：此法可用于中等数量的繁殖。秋天挖出鳞茎，将老鳞上充实、肥厚的鳞片逐个分掰下来，每个鳞片的基部应带有一小部分茎盘，稍阴干，然后扦插于盛好河沙（或蛭石）的花盆或浅木箱中，让鳞片的 2/3 插入基质，保持基质一定湿度，在 20℃左右条件下，约 1 个半月，鳞片伤口处即生根。冬季温度宜保持 18℃左右，河沙不要过湿。培养到次年春季，鳞片即可长出小鳞茎，将它们分上来，栽入盆中，加以精心管理，培养 3 年左右即可开花。

病虫害防治：

（1）百合花叶病：病发时叶片出现深浅不匀的褪绿斑或枯斑，被害植株矮小，叶缘卷缩，叶形变小，有时花瓣上出现梭形淡褐色病斑，花畸形，且不易开放。防治方法：①选择无病毒的鳞茎留种。

②加强对蚜虫、叶蝉的防治工作。③发现病株及时拔除并销毁。

（2）斑点病：病发初时，叶片上出现褪色小斑，扩大后呈褐色斑点，边缘深褐色。以后病斑中心产生许多的小黑点，严重时，整个叶部变黑而枯死。防治方法：摘除病叶，并用65%代森锌可湿性粉剂500倍稀释液喷洒1次，防止蔓延。

（3）鳞茎腐烂病：植株染病后，鳞茎产生褐色病斑，最后整个鳞茎呈褐色腐烂。防治方法：发病初期，可浇灌50%代森铵300倍液。

（4）叶枯病：发病后叶片上产生大小不一的圆形或椭圆形不规则状病斑，因品种不同，病斑浅黄色至灰褐色，严重时，整株枯死。防治方法：①温室栽培注意通风透光，加强管理。②发病初期摘除病叶，每7~10天喷洒1次50%退菌特可湿性粉剂800~1000倍液，喷3~4次即可。

景观用途：百合花期长，花大姿美，适宜布置花坛、花境、岩石园，也可大面积群植或丛植于草坪边缘及疏林下；百合叶片娟秀，花色鲜艳，花香怡人，还可盆栽观赏，也是名贵的切花材料。

花语：在中国百合具有百年好合、美好家庭、伟大的爱之含意，有深深祝福的意义。

白色百合：百年好合、持久的爱。

粉色百合：清纯、高雅。

黄色百合：财富、高贵。

黑色百合：恋、诅咒。

七、忽地笑

别称：铁色箭、黄花石蒜。

科属：石蒜科石蒜属。

形态特征：多年生草本。鳞茎肥大，近球形；叶基生，阔线形，质厚，灰绿色，花前枯死，花后秋季又发新叶；花葶高30~60cm，伞形花序有花5~10朵；花黄色，花瓣倒披针形，边缘强度反卷和皱缩，雌、雄蕊外露，花期7~9月；果期10月，蒴果具三棱，室背开裂；种子少数，近球形，黑色。

分布：原产中国中南部。

习性：喜半阴，喜温暖湿润环境，亦稍耐寒冷，有夏季休眠习性；对土壤要求不严，以腐殖质丰富、湿润而排水良好的土壤为宜。

繁殖方法：

(1)分球繁殖：忽地笑多以分鳞球茎的方法进行栽培繁殖。分鳞球茎时间以4~6月为宜，此时老鳞球茎呈休眠状态，外表皮较松弛。可选择多年生、具多个小鳞球茎的健壮老株，将小鳞球茎掰下，尽量多带须根，以利当年开花。一般分球繁殖需隔4~5年。

(2)播种繁殖：秋季采后即播，当年长胚根，翌春发芽。实生苗需培植5~6年后开花。

病虫害防治：主要有炭疽病危害叶片，除及时剪除病叶外，可用50%甲基托布津500倍液喷洒2~3次。

景观用途：忽地笑叶色翠绿，花姿优美，鲜艳夺目，适宜布置花坛、花境、岩石园，或丛植于草坪边缘、林下等处，还可盆栽、水培，以及用作切花。

花语：死亡的爱、爱的很痛苦。

八、花毛茛

别称：芹菜花、波斯毛茛、陆莲花。

科属：毛茛科花毛茛属。

形态特征：多年生草本花卉。株高20~40cm，块根纺锤形，常数个聚生于根颈部；茎单生，或少数分枝，有毛；基生叶阔卵形，具长柄，茎生叶无柄，为二回三出羽状复叶；花单生或数朵顶生，萼绿色，花径3~4cm，有重瓣、半重瓣，花色丰富，有白、黄、红、水红、大红、橙、紫和褐色等多种颜色，花期4~5月。

分布：原产于地中海沿岸，法国、以色列等欧洲国家已广泛种植，世界各国均有栽培。

习性：喜凉爽及半阴环境，忌炎热，较耐寒；要求富含腐殖质、疏松肥沃、通透性能强的砂质或稍黏质土壤。

养护要点：花毛茛适宜的生长温度白天20℃左右，夜间7~10℃，既怕湿又怕旱，宜种植于排水良好、肥沃疏松的中性或偏碱性土壤上。地栽、盆栽均宜，栽植时要施入充足的基肥。盆栽可用园土 2 份、腐叶土与厩肥各 1 份作盆土。冬季宜放背风向阳处或塑料棚中，可安全越冬，对生长也更有利。春季回暖后，进入旺盛生长阶段，这时要加强肥水管理，3 月可陆续开花直至 5 月。6 月后块根进入休眠期。

繁殖方法：

(1)分株繁殖：块根栽植宜在 9 月上中旬进行，过迟则不利植株生长，影响来年春天开花；过早因温度高，块根易腐烂。

(2)播种繁殖：播种苗在长出 3 片真叶时可分栽上盆。

病虫害防治：

(1)白绢病：白绢病主要侵害植株的茎基部。发病初期，在茎基部产生水渍状淡褐色不规则的病斑，随后在病部产生白色绢状菌丝，逐渐缠绕成菜籽状菌核。发病严重时，茎基部腐烂坏死，地上部与地下部分离，水分无法上升，枝叶枯萎，植株死亡。防治方法：①加强栽培管理，注意通风透光，适当控制浇水，避免土壤过湿；生产场地或种植土壤应轮作、消毒。②及时检查，发现病株立即拔除烧毁，同时挖除病株周围的土壤，在病穴四周喷洒或浇灌 50% 多菌灵可湿性粉剂 800 倍液，以控制病情发展。

(2)病毒病：受害植株叶片皱缩不平，呈现花叶、褪绿斑状或叶片萎缩变小、变厚；受害花朵扭曲畸形，变小不能开花。危害严重时，病株矮化、萎缩死亡。病毒常寄生在块根或种子上，生产中用带毒种子播种或块根栽植，长出的幼苗发病率较高。另外，病毒也可能是生长期由蚜虫、斑潜蝇、潜叶蝇传播到花毛茛上，引发病毒病。苗床播种过密或盆花生长期盆距过小，植株间也会相互传染病害。

防治方法：①加强植物检疫，防止带毒种子、块根、植株传入无病区。②及时拔除病毒株，集中烧毁，减少传播。③加强栽培管理，合理施肥浇水，注意通风透光，使植株生长健壮，提高抗病性。④喷洒 10% 吡虫啉可湿性粉剂 1000 倍液或 40% 氧化乐果 1000 倍液，杀灭蚜虫、潜叶蝇、斑潜蝇等传毒昆虫。⑤发病初期，用 7.5% 克毒灵水剂 800 倍液喷洒防治。

(3)花叶病：受害后叶上产生褪绿斑症状，严重时，植株生长发育不良。防治方法：①使用健康苗，不从病株分株繁殖。②及时喷洒杀虫剂防治蚜虫。

景观用途：花毛茛植株玲珑秀美，花色丰富艳丽，花型优美，常用于布置花坛、花境、花带，或丛植于林下、草坪边缘，也可盆栽观赏及用作切花材料。

花语：受欢迎。

九、唐菖蒲

别称：菖兰、剑兰、扁竹莲、什样锦。

科属：鸢尾科唐菖蒲属。

形态特征：多年生草本。株高 100～150cm；球茎扁圆球形，外包有棕色或黄棕色的膜质包被；叶基生或在花茎基部互生，剑形，基部鞘状，顶端渐尖；花茎直立，不分枝；顶生穗状花序，每朵花下有苞片 2，花在苞内单生，两侧对称，有红、黄、白、橙、蓝、紫或粉红等色，花期 7～9 月；蒴果椭圆形或倒卵形，成熟时室背开裂，种子扁而有翅，果期 8～10 月。

分布：原产非洲热带、地中海沿岸和西亚地区，现各地广泛栽培。

习性：唐菖蒲为喜光性长日照植物，忌寒冻；喜温暖、凉爽气候，不耐过度炎热；宜肥沃深厚、排水良好的砂质土壤，忌水涝。

养护要点：栽培唐菖蒲应选择向阳、排水性良好、含腐殖质多的砂质壤土，在黏土中虽能生长开花，但更新球发育差，大球下形成的小球也少。球茎在 4～5℃条件下即萌动，20～25℃生长最好。栽种前应施足够的基肥，基肥种类以富含磷、钾肥为好。栽植深度依土壤性质与球茎大小而异，一般为 5～10cm，株行距 15～25cm。生长期间施 3 次追肥，第一次在两片叶展开后，以促茎叶生长；第二次在 4 片叶茎伸长孕蕾时，以促花枝粗壮，花朵大；第三次在开花后，促进更新球发育。生长期日照有利于花芽分化、发育，夏季如遇干旱，应充分灌溉，同时雨季注意排灌。

繁殖方法：唐菖蒲的繁殖以分球繁殖为主，也可用播种、球茎切割法及组织培养法繁殖。

病虫害防治：

（1）干腐病：种植时选用无病母球，生长过程中及时拔除病株。

（2）铜绿丽金龟子：主要危害是以幼虫在土壤中咬断根茎、根系，使植株枯死，且伤口易被病菌侵入，造成植物病害。防治方法：①播种前进行种子处理，可用50%辛硫磷乳油等药剂进行拌种。②土壤处理，可用50%辛硫磷乳油结合灌水施入土中，每公顷用药3.7~4.5L。③春、秋深翻耕地，消灭害虫；合理灌溉，增施腐熟肥，改良土壤，从而增强其抗虫能力。④利用成虫有趋光性，进行黑光灯诱杀。⑤在成虫盛发期，用40%氧化乐果乳油800倍液或90%敌百虫1000倍液喷雾。⑥保护和利用天敌。

景观用途：唐菖蒲花朵硕大，花色艳丽，为重要的切花材料，可布置花坛、花境，矮生品种可盆栽观赏。

花语：怀念、爱恋、用心、长寿、康宁。

十、卷丹

别称：虎皮百合。

科属：百合科百合属。

形态特征：多年生草本。株高80~150cm，鳞茎近宽球形，白色至黄色；茎直立，具白色绵毛；叶散生，矩圆状披针形或披针形，上部叶腋有珠芽；圆锥状总状花序，花3~20朵或更多；花下垂，花被片披针形，反卷，橙红色，有紫黑色斑点，花期7~8月；蒴果狭长卵形，长3~4cm，果期9~10月。

分布：原产中国东北等地，日本、朝鲜也有分布。

习性：适应性强，耐寒，喜向阳和干燥环境，宜肥沃、排水良好的砂质土壤。

养护要点：

湿度管理：卷丹喜欢较干燥的空气环境，最适空气相对湿度为40%~60%。阴雨天过长，易受病菌侵染；怕雨淋，晚上保持叶片干燥。

温度管理：喜欢冷凉气候，忌酷热，夏季生长十分缓慢，最适宜的生长温度为15~28℃，当温度降到10℃以下时会进入休眠。

光照管理：在晚秋、冬、早春三季，由于温度不是很高，就要给予直射光的照射，以利于进行光合作用和形成花芽。

肥水管理：对肥水要求不多，也怕乱施肥、施浓肥和偏施氮、磷、钾肥，要求遵循"淡肥勤施、量少次多、营养齐全"的施肥原则。

繁殖方法：分球繁殖、分珠芽繁殖或鳞片扦插繁殖。

病虫害防治：

(1)病毒病：应选择无病鳞茎繁殖，并消灭传染病害的蚜虫。

(2)立枯病：要避免连作，注意排水，发现病株，立即拔除，并撒石灰消毒。

(3)蚜虫：可用50%马拉硫磷1000倍液喷射防治。

景观用途：卷丹因其花瓣向外翻卷，花色火红，故有"卷丹"之美名。其花形奇特，花色艳丽，不仅适于花坛、花境及庭院栽植，也是切花和盆栽的良好材料。

花语：庄严。

第四节　水生花卉

一、荷花

别称：莲花、水芙蓉、六月花神、藕花。

科属：莲科莲属。

形态特征：多年生水生草本花卉。地下茎长而肥厚，有长节，叶盾圆形；花期6~9月，单生于花梗顶端，花瓣多数，有红、粉红等多种颜色，或有彩纹、镶边；果实椭圆形，种子卵形。

分布：荷花一般分布在中亚、西亚、北美等亚热带和温带地区。中国早在3000多年前即有栽培。

习性：性喜相对稳定的平静浅水，对失水十分敏感，夏季只要失水3小时，荷叶便萎靡，若停水一日，则荷叶边焦，花蕾回枯；荷花非常喜光，生育期需要全光照的环境，极不耐阴，在半阴处生长就会表现出强烈的趋光性。

养护要点：荷花喜湿怕干，喜相对稳定的静水，不爱涨落悬殊的流水。池塘植荷以水深 0.3 ~ 1.2m 为宜。在生长季节失水，只要泥土尚湿，还不致死亡；如泥土干裂持续 3 ~ 5 天，叶便枯焦，生长停滞；再持续断水 4 ~ 5 天，种藕便会干死。荷花喜热，栽植季节的气温至少需 15℃以上，入秋气温低于 15℃时生长停滞。整个生长期内，最适温度为 20 ~ 30℃。

繁殖方法：在园林应用中，多采用分藕繁殖，因它可保持亲本的遗传特性，且可当年观花。如要培育新品种，须先进行授粉，然后播种杂交种子。采用播种繁殖的当年半数不能开花。

病虫害防治：

(1)黑斑病：初期叶面上出现不规则褐色病斑，后期病斑上着生黑色霉状物，常几个病斑连在一起，形成大块病斑，严重时整株枯死。防治方法：发病初期及时喷洒 50% 多菌灵或 75% 百菌清 500 ~ 800 倍液进行防治。

(2)腐烂病：发病初期叶缘出现青枯色斑块，以后连成片向内扩展，最后整叶变褐。藕发病后中心部位变褐，并逐渐向藕节及荷梗纵向坏死。防治方法：发病初期喷洒 50% 多菌灵 500 ~ 600 倍液进行防治。

(3)斜纹夜蛾：初孵幼虫群集叶背啃食叶肉，留下表皮和叶脉，被害叶片好像纱窗一样，呈灰白色。幼虫稍大后即分散食害，将叶片咬成缺刻，并能咬食花蕾和花，每年以 6 ~ 10 月危害最重。防治方法：及时摘除虫叶销毁，同时在幼虫群集危害时，于傍晚喷洒甲胺磷 1000 倍液防治。

(4)蚜虫：蚜虫对气候的适应性较强，分布很广，主要刺吸植株的茎、叶，尤其是幼嫩部位。蚜虫繁殖和适应力强，种群数量巨大，因此，各种方法都很难取得根治的效果，需要定期使用稀释 500 ~ 1000 倍的 80% 敌敌畏乳油喷雾。

景观用途：荷花为中国的十大名花之一，它不仅花大色艳，清香远溢，凌波翠盖，而且有着极强的适应性，应用广泛。

花语：坚贞、纯洁、无邪、清正。

二、睡莲

别称：子午莲、水芹花、瑞莲、水洋花、小莲花。

科属：睡莲科睡莲属。

形态特征：多年生水生花卉。根状茎，粗短；叶丛生，具细长叶柄，浮于水面，纸质或近革质，近圆形或卵状椭圆形，全缘，无毛；花单生于细长的花柄顶端，多白色，漂浮于水，花期为5月中旬至9月；聚合果球形，内含多数椭圆形黑色小坚果，果期7～10月。

分布：大部分原产北非和东南亚热带地区，少数产于南非、欧洲和亚洲的温带和寒带地区，国内各地区均有栽培。

习性：喜强光、通风良好环境；对土质要求不严，pH值6～8时，均生长正常，但喜富含有机质的壤土；生长季节池水深度以不超过80cm为宜。

养护要点：

（1）选好栽培土：睡莲性喜腐殖质丰富、肥沃的黏性土壤。因此，栽培要选用长期淤积在河内或塘内的淤泥为好。

（2）选择好种茎：种茎选择的好坏，是栽培成败的关键一环，要选取生长旺盛健壮、无病毒、无损伤、无腐烂，带有新芽的一段，切成6～10cm长的段块。

（3）适当浅栽：地下茎如果入泥过深，一是泥土温度偏低，二是氧气贫乏，不利于早生快发，因此栽培深度一般保持地下茎上的新芽与土面相平为适中。

（4）光照充足：睡莲性喜阳光充足、温暖潮湿、通风良好的气候。采取盆缸栽培的睡莲，一定要置于光照充足的位置，让其接受全光照。

繁殖方法：

（1）分株繁殖：是睡莲的主要繁殖方法，于每年春季3～4月份进行，芽刚刚萌动时将根茎掘起，用利刀分成几块，保证根茎上带有两个以上充实的芽眼，栽入池内或缸内的河泥中。

（2）播种繁殖：将黑色椭圆形饱满的种子放在清水中密封储藏，

直至第二年春天播种前取出。浸入 25 ~ 30℃ 的水中催芽，每天换水，两周后即可发芽。待幼苗长至 3 ~ 4cm 时，即可种植于池中，要保证足够的水深。

病虫害防治：

（1）黑斑病：主要危害叶片。发病初期，叶上出现褪绿的黄色病斑，后期呈圆形或不规则形，严重时，病斑连成片，除叶脉外，全叶枯黄。防治方法：①加强栽培管理，及时清除病叶。发病较严重的植株，需更换新土再行栽植。②不偏施氮肥。③发病时，可喷施75% 的百菌清 600 ~ 800 倍液防治。

（2）褐斑病：主要危害叶片。在病叶上出现圆形斑点，呈淡褐色至黄褐色，边缘颜色较深。病害后期，病斑上生出许多黑色小霉点。秋季多雨时发病较严重。病菌多在残体上越冬。防治方法：①清除残叶，减少病源。②发病严重的可喷施 50% 的多菌灵 500 倍液或用80% 的代森锌 500 ~ 800 倍液进行防治。

景观用途：睡莲花叶俱美，花色丰富，开花期长，深为人们所喜爱；睡莲的根能吸收水中的铅、汞、苯酚等有毒物质，是难得的水体净化的植物材料，因此在城市水体净化、绿化、美化建设中备受重视。

花语：迎着朝气、抛去暮气。

三、菖蒲

别称：臭菖蒲、水菖蒲、泥菖蒲。

科属：天南星科菖蒲属。

形态特征：多年水生草本植物，有香气。根状茎横走，粗壮，稍扁，直径 0.5 ~ 2cm，有多数不定根（须根）；叶基生，叶片剑状线形，叶基部成鞘状；花茎基生，扁三棱形，长 20 ~ 50cm，叶状佛焰苞长 20 ~ 40cm；肉穗花序直立或斜向上生长，圆柱形，黄绿色，花两性，密集生长，花期 6 ~ 9 月；果期 8 ~ 10 月，浆果红色，长圆形，有种子 1 ~ 4 粒。

分布：分布于我国南北各地。

习性：生于池塘、湖泊岸边浅水区或沼泽地；最适宜生长的温度 20 ~ 25℃，10℃以下停止生长；冬季以地下茎潜入泥中越冬。

养护要点：露地栽培时，选择池边低洼地，栽植的深度以保持主芽接近泥面，同时灌水 1 ~ 3cm。盆栽时，选择不漏水的盆，内径在 40 ~ 50cm，盆底施足基肥，中间挖穴植入根茎，生长点露出泥土面，加水 1 ~ 3cm。菖蒲在生长季节的适应性较强，可进行粗放管理。在生长期内保持水位或潮湿，施追肥 2 ~ 3 次，并结合施肥除草。初期以氮肥为主，抽穗开花前应以施磷肥钾肥为主；每次施肥一定要把肥放入泥中（泥表面 5cm 以下）。越冬前要清理地上部分的枯枝残叶，集中烧掉或沤肥。露地栽培 2 ~ 3 年要更新，盆栽 2 年更换分栽一次。

繁殖方法：

（1）播种繁殖：将收集到成熟红色的浆果清洗干净，在室内进行秋播，保持潮湿的土壤或浅水。在 20℃左右的条件下，早春会陆续发芽，后进行分离培养，待苗生长健壮时，可移栽定植。

（2）分株繁殖：在早春（清明前后）或生长期内进行。用铁锹将地下茎挖出，洗干净，去除老根、枯叶、枯茎，再用快刀将地下茎切成若干块状，每块保留 3 ~ 4 个新芽，进行繁殖。在生长期进行分栽，将植株连根挖起，洗净，去掉 2/3 的根，再分成块状，要保持好嫩叶及芽、新生根。

景观用途：菖蒲叶丛翠绿，端庄秀丽，具有香气，适宜水景岸边及水体绿化，也可盆栽观赏或作布景用；叶、花序还可以作插花材料。全株芳香，可作香料或驱蚊虫；茎、叶可入药。

花语：婚姻完美。

四、芦苇

别称：苇子、芦、芦芛。

科属：禾本科芦苇属。

形态特征：宿根挺水草本植物。株高 1 ~ 3m，具粗壮根状茎；茎秆直立，细长而木质化，中空，节下常生白粉；叶散生，革质，带状披针形，端尖，缘具细齿，基部收缩，连接叶鞘；叶长 15 ~ 45cm，宽 1 ~ 3.5cm；圆锥花序，顶生，疏散，白绿色或褐色，圆锥花序分枝稠密，向斜伸展，花序长 10～40cm，稍下垂，小穗有小花 4～7 朵，雌雄同株；花期 7～11 月；果实为颖果，披针形，顶端有宿存花柱。

分布：芦苇分布在全球温带地区，我国分布广泛。

习性：性健壮，喜光，抗寒耐热；喜水湿，耐干旱，不择土壤，从浅水到深水都能生长。

繁殖方法：芦苇具长、粗壮的匍匐根状茎，以根茎繁殖为主，也可播种繁殖。

景观用途：芦苇生命力强，易管理，适应环境广，生长速度快，是景点旅游、水面绿化、河道管理、净化水质、沼泽湿地、置景工程、护土固堤、改良土壤之首选。芦苇的花序高大雄伟，观赏性强，干花序可作切花材料。

五、旱伞草

别名：水竹、伞莎草、风车草。

科属：莎草科莎草属。

形态特征：宿根挺水草本。高 60～120cm，具匍匐根状茎；秆丛生、粗壮，茎秆中下部呈三棱形，无分枝，基部包裹以无叶的鞘，鞘棕色；花序顶生，苞片 20 枚，带状近等长，呈螺旋状排列，向四周展开，平展；聚伞花序疏散，辐射枝发达；花期 5～7 月，果期 7～10 月。

分布：原产于南欧及非洲热带等地，广泛分布于森林、草原地区的湖泊、河流边缘的沼泽中。我国南北各地均见栽培，常作为观赏植物。

习性：喜温暖、湿润及通风良好的环境，不耐寒，生长适温为 20～25℃，冬季室温不宜低于 5℃；对土壤要求不严，以肥沃、保水力强的黏质土壤为宜。

养护要点：旱伞草对水的要求比较高，最好用矿泉水和纯净水，其次是自来水，而且必须在用之前先沉淀一下再用。水面接触根部上端 3cm 左右，不要浸没过多，以免影响呼吸及烂根。如果出现秆部腐烂，必须将腐烂的部分及时剪断，以免腐烂部分扩大，最好是从竹节的地方剪断。盆栽时，在生长季节要保持土壤湿润，或直接栽入不漏水的花盆中，保持盆中有 5cm 左右深的水，可免去天天浇水的麻烦。旱伞草对光线适应范围较宽，全日照或半阴处都可良好生长，但夏季放半阴处对其生长更有利，可保持叶片嫩绿。在生长旺季，每月施肥 1~2 次。为控制高度，5 月份可浇灌一次 400mg/L 的多效唑，能有效地控制其生长过高。

繁殖方法：

(1)播种繁殖：一般在 9~10 月种子成熟时采摘，放阴凉处风干后收藏。翌年 3~4 月，用撒播法将种子撒入有培养土的盆内，压平、覆薄土，浸足水后，盖上玻璃，保持盆土湿润。10 天后，旱伞草相继发芽，苗高 5cm 时可移入小盆。

(2)分株繁殖：宜在 3~4 月换盆时进行。把生长过密的母株从盆中托出，分切成数丛，分别上盆，随分随种植，极易成活。

(3)扦插繁殖：可分为土插和水插两种。①土插一般在夏季生长季节，从茎顶端伞状苞叶下 5~6cm 处剪下，把苞叶尖端剪去，留 3~4cm 长，修剪成直径 6~8cm 的叶盘，然后插入装有沙的盆内或沙床中，使叶盘紧贴沙面，置阴凉处，保持空气和盆土湿度，20 多天就开始生根长新芽，并萌发出小植株。②水插时，可用洁净的广口瓶装入凉开水，从茎顶端伞状苞叶下 8cm 处剪下，把每枚苞叶剪去 1/2，插在盛水的广口瓶中，水温 25℃，苞叶腋产生新芽并向上生长，须根伸入水中，20 多天就可成苗移栽。夏季水插时，需 2~3 天更换一次凉开水，防止插穗被细菌污染而腐烂。

病虫害防治：旱伞草易发生叶枯病和红蜘蛛危害。叶枯病可用 50% 甲基托布津 1000 倍液喷洒，红蜘蛛用 40% 乐果乳油 1500 倍液喷洒。

景观用途：旱伞草生长较快，栽培容易，养护简单。其茎挺叶茂，层次分明，秀雅自然，四季常绿，是良好的水生观叶植物，可点缀于河边、湖边等浅水区，或是丛植于山石边，也可栽于花缸中欣赏，还是切花的好材料。

六、灯心草

别称：灯芯草、蔺草、龙须草、野席草、马棕根。

科属：灯心草科灯心草属。

形态特征：多年生水生草本。株高 30～100cm；根状茎粗壮横走，具黄褐色稍粗的须根；茎丛生，直立，圆柱形，淡绿色，具纵条纹，茎内充满白色的髓心；叶基部红褐至黑褐色，叶片退化呈鳞片状鞘叶；穗状花序顶生，花被片线状披针形，黄绿色，边缘膜质，花期5～7月；蒴果长圆形或卵形，黄褐色；种子卵状长圆形，黄褐色，果期6～9月。

分布：原产温带地区，我国各地均有分布。

习性：适应性强，喜光，耐半阴；耐寒，耐水湿。

养护要点：加强中耕除草，追肥和除草同时进行，每年 2 次，肥料以畜粪水为主，亦可适当施一些化肥，苗期要常保持浅水，以利生长。

繁殖方法：以分株繁殖为主。选择容易排灌的水田，施足人畜粪肥作底肥。一般是春种，挖取老蔸分成 8～10 根一窝，按行株距 30～40cm 栽植。

景观用途：灯芯草茎叶碧绿，优雅别致，宜栽植于湿地。

花语：温顺、顺从。

七、水葱

别称：莞、翠管草、冲天草。

科属：莎草科蔗草属。

形态特征：多年生挺水草本植物。株高 100～150cm；匍匐根状茎粗壮，具许多须根；地上茎直立，圆柱形，中空，粉绿色；叶褐色，鞘状，生于茎基部；聚伞花序顶生，稍下垂，由许多卵圆形小穗组成，小花淡黄褐色，下具苞片，花果期6～8月；小坚果倒卵形或椭圆形，双凸状。

分布：原产欧亚大陆。

习性：性强健，喜光，耐阴；喜温暖，耐寒；宜疏松、肥沃的土壤。

养护要点：

温度管理：水葱忌酷热，耐霜寒，对冬季温度要求不是很严，只要不受到霜冻就能安全越冬；在春末夏初温度高达30℃以上时死亡，最适宜的生长温度为15~25℃。

湿度管理：喜欢较干燥的空气环境，最适空气相对湿度为40%~60%，阴雨天过长，易受病菌侵染；怕雨淋，晚上保持叶片干燥。

光照管理：在晚秋、冬、早春三季，由于温度不是很高，就要给予直射阳光的照射，以利于进行光合作用和形成花芽、开花、结实。夏季若遇到高温天气，需要给它遮掉大约50%的阳光。

肥水管理：水葱对肥水要求较多，但最怕乱施肥、施浓肥和偏施氮、磷、钾肥，要求遵循"淡肥勤施、量少次多、营养齐全"和"间干间湿，干要干透，不干不浇，浇就浇透"的两个施肥（水）原则，并且在施肥过后，晚上要保持叶片和花朵干燥。

繁殖方法：

（1）播种繁殖：常于3~4月份在室内播种，室温控制在20~25℃，20天左右即可发芽生根。

（2）分株繁殖：早春天气渐暖时，把越冬苗从地下挖起，抖掉部分泥土，将地下茎分成若干丛，每丛带5~8个茎秆，栽到无泄水孔的花盆内，并保持盆土一定的湿度或浅水，10~20天即可发芽。如作露地栽培，每丛保持8~12个芽为宜。

景观用途：水葱株丛挺立，色泽淡雅，而且对污水中有机物、氨氮、磷酸盐及重金属有较高的除去率，常用于水面绿化，也可盆栽观赏。

第五节　木本花卉

一、凤尾兰

别称：菠萝花、剑麻、丝兰。

科属：百合科丝兰属。

形态特征：常绿灌木。株高约2m，单生，不分枝；叶丛生、密集，螺旋排列茎端，质坚硬，有白粉，剑形，顶端硬尖，边缘光滑，老叶有时具疏丝；圆锥花序，花大而下垂，乳白色，常带红晕，花期6～10月；蒴果干质。

分布：原产北美，温暖地区广泛露地栽培。

习性：性强健，耐寒、耐旱、耐湿、耐瘠薄，对土壤、肥料要求不高，喜排水好的砂质壤土；喜光照，抗污染，萌芽力强，适应性强。

养护要点：凤尾兰在黄河下游及其以南地区，可露地越冬。养护管理极为简便，只需修剪枯枝残叶，花后及时剪除花梗。生长多年后，茎干过高或倾斜地面，可截干更新。秋季在植株周围挖掘环状沟，施入一些有机肥料。

繁殖方法：

（1）播种繁殖：种子繁殖需经人工授粉才可实现。

（2）分株繁殖：在春季2～3月根蘖芽露出地面时可进行分株繁殖。分栽时，每个芽上最好能带一些肉根，先挖坑施肥，再将分开的蘖芽埋入其中，埋土不要太深，稍盖顶部即可。也可截取茎端簇生叶的部分，带9～12cm长的一段茎，把叶子摘掉一部分，留7片叶左右，埋入12～15cm深的坑中，埋后浇水。

（3）扦插繁殖：春季或初夏进行。挖取茎干，剥去叶片，剪成10cm长，茎干粗可纵切成2～4块，开沟平放，纵切面朝下，盖下5cm，保持湿度，插后20～30天发芽。

病虫害防治：

（1）叶斑病：可用70%甲基托布津可湿性粉剂1000倍液喷洒。

（2）炭疽病：凤尾兰炭疽病是凤尾兰的一种多发病，传播速度非常快，发病后如防治不及时，不仅影响观赏效果，重症者还会导致植株死亡。首先发生于叶尖，初期为褐色斑点，此后呈圆形或不规则向外扩展，病斑内灰褐色，周围有黄色晕圈，表面散生有黑色粒状物，整个叶片受到侵染后呈黑色。防治方法：①加强水肥管理，增强树势，提高植株的抗病能力。②初期种植时要注意选择种植环境，栽培地要有良好的通风环境。③及时将病叶清除，集中烧毁，减少侵染源。④发病时用50%炭疽福美300倍液或75%百菌清可湿性粉剂1000倍液喷施，每周喷施1次，连续喷3~4次，可有效控制住病情。

（3）虫害：有介壳虫、粉虱和夜蛾危害，可用40%氧化乐果乳油1000倍液喷杀。

景观用途：凤尾兰叶形如剑，花色洁白，花期持久，幽香宜人，是良好的庭园观赏植物，也是良好的鲜切花材料，常植于花坛中央、建筑前、草坪中、池畔、台坡、建筑物、路旁及绿篱等栽植用。

花语：盛开的希望。

二、牡丹

别称：木芍药、洛阳花、富贵花。

科属：芍药科芍药属。

形态特征：落叶灌木。株高1~2m，茎多分枝；叶互生，二回三出羽状复叶，小叶宽卵形至长卵形，表面绿色，无毛，背面淡绿色，有时具白粉；花大，单生枝顶，苞片5，长椭圆形，大小不等；萼片5枚，绿色，宽卵形，大小不等；花瓣5片，或为重瓣，玫瑰色、红紫色、粉红色至白色，通常变异很大，花期4~5月。

分布：牡丹原产我国，有悠久的栽培史。

习性：喜温暖、凉爽的环境，耐寒，耐干旱，忌积水，怕热，怕烈日直射；喜阳，也耐半阴；适宜在疏松、深厚、肥沃、地势高燥、排水良好的中性壤土中生长。

养护要点：牡丹喜充足的阳光，但不耐夏季烈日暴晒，温度在25℃以上则会使植株呈休眠状态。开花适温为17~20℃，但花前必须经过1~10℃的低温处理2~3个月才可。最低能耐-30℃的低温，但北方寒冷地带冬季需采取适当的防寒措施，以免受到冻害。

繁殖方法：

（1）播种繁殖：牡丹播种繁殖多用于生产药用牡丹和培养嫁接用的砧木，播种后3~5年方可开花，但以5年生以上的植株结籽多，籽粒饱满。

（2）分株繁殖：牡丹没有明显的主干，为丛生状灌木，很适合分株繁殖，也较简便易行。其优点是成苗快，新株生长迅速。

（3）嫁接繁殖：嫁接是牡丹最常用的繁殖方法，具有成本低、速度快、繁殖系数高、苗木整齐规范等优点。影响嫁接成活的因素主要有嫁接时间、砧木、接穗和嫁接方法等几个方面。

（4）扦插繁殖：牡丹扦插繁殖成活率低，生根量小，生长势弱，养护管理难度大，因此生产上几乎不采用。扦插繁殖的最佳时间为9月上旬~9月下旬，插穗要选取粗壮无病虫害的，地表处的萌蘖枝做插穗更易生根。

（5）压条繁殖：牡丹压条繁殖，是将牡丹枝条环状剥皮或刻伤压入土中，待生根后与母株分离，形成新的植株。压条法分为就地压条法和吊包压条法。

病虫害防治：

（1）叶斑病：也称红斑病，病菌主要侵染叶片和新枝。发病后叶背面有谷粒大小褐色斑点，边缘色略深，形成外浓中淡、不规则的圆心环纹枯斑，相互融连，以致叶片枯焦凋落。防治方法：①11月上旬，将地里的干枯叶扫净，集中烧掉，以消灭病原菌。②发病前（5月份）喷洒1:1:160倍的波尔多液，10~15天喷1次，直至7月底。③发病初期，喷洒甲基托布津500~800倍液，7~10天喷1次，连续3~4次。

（2）紫纹羽病：为真菌病害，由土壤传播，发病在根颈处及根部，以根颈处较为多见。轻者形成点片状斑块，不生新根，枝条枯细，叶片发黄，鳞芽瘪小；重者整个根颈和根系腐烂，植株死亡。防治方法：①选排水良好的高燥地块栽植。②雨季及时中耕，降低土壤湿度。③4~5年轮作一次；选育抗病品种。④分栽时用5%代森铵1000倍液浇其根部。⑤受害病株周围用石灰或硫磺消毒。

（3）茵核病：又名茎腐病，发病时在近地面茎上发生水渍状斑，逐渐扩展腐烂，出现白色棉状物，也侵染叶片及花蕾。防治方法：①选择排水良好的高燥地块栽植。②发现病株及时挖掉并进行土壤消毒。③4~5年轮作一次；选育抗病品种。

景观用途：牡丹花大色艳，花型优美，为我国十大名花之一，被称为百花之王。宜孤植或丛植于庭院、林缘、花台中，也可盆栽观赏或作切花材料。

花语：雍容华贵、生命、仪态万千、守信的人。

三、月季

别称：月月红、长春花、四季花。

科属：蔷薇科蔷薇属。

形态特征：常绿或半常绿灌木。株高 1～2m。茎直立，棕色，具皮刺或几乎无刺；小枝铺散，绿色，无毛，具弯刺或无刺；叶互生，羽状复叶，具小叶 3～5 片，稀为 7 片，小叶片宽卵形至卵状椭圆形，先端急尖或渐尖，边缘具尖锐细锯齿，表面鲜绿色，两面均无毛；托叶边缘具睫毛状腺毛或具羽状裂片，两面均无毛，基部与叶柄合生；花单生或多朵排成伞房花序，顶生；花梗长 3～5cm，绿色，常具腺毛；花瓣 5 或重瓣，花色丰富，花期 5～11 月；蔷薇果球形，黄红色。

分布：广泛分布于世界各地。

习性：适应性强，喜阳光充足，喜温暖，耐旱；对土壤要求不严，但以富含有机质、排水良好的微酸性砂质壤土最好。

养护要点：

光照管理：月季喜阳光充足，但是过多的强光直射又对花蕾发育不利，花瓣容易焦枯。

温度、湿度管理：多数品种最适温度为白昼 15～25℃，夜间 10～15℃，冬季气温低于 5℃即进入休眠。如夏季高温持续 30℃以上，则多数品种开花减少，品质降低，进入半休眠状态。空气相对湿度宜 75%～80%，但稍干、稍湿也可。需要保持空气流通，无污染，若通气不良易发生白粉病，空气中的有害气体，如二氧化硫、氯、氟化物等均对月季有害。

修剪技术：每年 12 月后月季叶落时要进行一次修剪，留下的枝条高约 15cm，修剪的部位在向外伸展的叶芽之上约 1cm 处，并同时修去侧枝、病枝和同心枝。5 月后每开完一次花，就修去开花枝条的 2/3 或 1/2，以促生更多的花芽。如要花朵开得大，要摘除部分花蕾。

肥水管理：施肥次数要多而及时，在生长旺季，每隔 10 天，要施追肥 1 次，到 11 月时可停止施肥。

繁殖方法：大多采用扦插法繁殖，亦可分株、压条、嫁接繁殖。

病虫害防治：

（1）黑斑病：主要侵害叶片、叶柄和嫩梢，叶片初发病时，正面出现紫褐色至褐色小点，扩大后多为圆形或不定形的黑褐色病斑。防治方法：可喷施多菌灵、甲基托布津、达可宁等药剂。

（2）白粉病：侵害嫩叶，两面出现白色粉状物，严重时则造成叶片脱落。防治方法：可喷施多菌灵、甲基托布津、三唑酮等药剂。

（3）叶枯病：危害叶片，多从叶尖或叶缘侵入，初为黄色小点，以后迅速向内扩展为不规则形大斑，严重时叶片干枯脱落。防治方法：①除加强肥水管理外，冬天剪除病枝病叶，清除地下落叶，减少初侵来源。②发病时应采取综合防治，并喷施多菌灵、甲基托布津等杀菌药剂。

（4）刺蛾：主要为黄刺蛾、桑褐刺蛾、扁刺蛾等的幼虫，于高温季节大量啃食叶片。防治方法：及时喷施 90% 的敌百虫晶体 800 倍液，或 2.5% 的杀灭菊酯乳油 1500 倍液。

（5）介壳虫：主要有白轮蚧、日本龟蜡蚧等，刺吸月季嫩茎、幼叶的汁液，导致植株生长不良，主要是高温高湿、通风不良、光线欠佳所诱发。防治方法：可于其若虫孵化盛期，用 25% 的扑虱灵可湿性粉剂 2000 倍液喷杀。

（6）蚜虫：主要为月季管蚜、桃蚜等，刺吸植株幼嫩器官的汁液，严重影响植株的生长和开花。防治方法：及时用 10% 的吡虫啉可湿性粉剂 2000 倍液喷杀。

（7）金龟子：主要为铜绿金龟子、黑绒金龟子、白星花金龟子、小青花金龟子等，常以成虫啃食新叶、嫩梢和花苞，严重影响植株的生长和开花。防治方法：①利用成虫的假死性，于傍晚振落捕杀；利用成虫的趋光性，用黑光灯诱杀。②喷施 50% 的马拉硫磷乳油 1000 倍液。

景观用途：月季是我国传统名花，花姿优美，芳香馥郁，被喻为"花中皇后"，应用极广。常用于专类园，可布置花坛、花境、花带，也可盆栽观赏或制作盆景，也是重要的切花材料。

花语：希望、幸福。

粉红月季：初恋、优雅、高贵、感谢。

红色月季：纯洁的爱、热恋、贞节、勇气。

白色月季：尊敬、崇高、纯洁。

橙黄色月季：富有青春气息、美丽。

绿白色月季：纯真、俭朴或赤子之心。

黑色月季：有个性和创意。

蓝紫色月季：珍贵、珍惜。

第二章　温室花卉

第一节　一、二年生花卉

一、瓜叶菊

科属：菊科瓜叶菊属。

形态特征：全株密生柔毛，叶具有长柄，叶大，心状卵形至心状三角形，叶缘具有波状或多角齿，有时背面带紫红色，叶表面浓绿色，叶柄较长；花为头状花序，簇生成伞房状，花有蓝、紫、红、粉、白或镶色，为异花授粉植物，花期为12月至翌年4月，盛花期3~4月。

分布：原产西班牙加那利群岛。

习性：性喜冷寒，不耐高温和霜冻；忌干燥的空气和烈日暴晒，还要有良好的光照；好肥，喜疏松、排水良好的土壤。

繁殖方法：

（1）播种繁殖：播种一般在7月下旬进行，至春节就可开花，从播种到开花约半年时间。也可根据所需花的时间确定播种时间，如元旦用花，可选择在6月中下旬播种。瓜叶菊在日照较长时，可提早发生花蕾，但茎细长，植株较小，影响整体观赏效果。早播种则植株繁茂花形大，所以播种期不宜延迟至8月以后。

（2）分株繁殖：重瓣品种不易结实，可用扦插进行繁殖。1~6月，剪取根部萌芽或花后的腋芽作插穗，插于沙中。20~30天可生根，培育5~6个月即可开花。亦可用根部嫩芽分株繁殖。

病虫害防治：

（1）白粉病：瓜叶菊在幼苗期和开花期如室温高、空气湿度大，叶片上最容易发生白粉病，严重时可侵染叶柄、嫩枝、花蕾等，导致叶枯，甚至整株死亡。防治方法：①室内经常保持良好的通风条件，增加光照。②控制浇水，适当降低空气湿度。③发病后立即摘除病叶，并及时用 50% 多菌灵 1000 倍液防治。

（2）黄萎病：由病毒病原菌引起。被害植株分蘖性很强，花序展开受压抑，花色变绿，发育不正常，偶尔亦有花徒长现象。病毒一般由叶蝉传播。防治方法：①生长期间可适当增施钾肥，以增强植株抗病力，减少病毒侵染的机会。②喷洒 0.5% 高锰酸钾水溶液进行消毒，可起预防作用。③发现植株染上病毒，应立即拔除病株并烧毁，防止蔓延。

（3）蚜虫：瓜叶菊生长期若通风不好，时常会发生蚜虫危害，虫害严重时喷 40% 乐果 1500~2000 倍液进行防治。

景观用途：瓜叶菊是冬春时节重要的观花植物之一，其花朵鲜艳，可作花坛栽植或盆栽布置于庭廊过道，给人以清新宜人的感觉。

花语：喜悦、快乐、合家欢喜、繁荣昌盛。

二、蒲包花

别称：荷包花、元宝花。

科属：玄参科蒲包花属。

形态特征：多年生草本植物，在园林上多作一年生栽培花卉。全株茎、枝、叶上有细小茸毛；叶片卵形对生；花形别致，花冠二唇状，花色变化丰富，有单色和复色品种。

分布：原产于南美洲墨西哥、秘鲁、智利一带，现分布世界各地。

习性：性喜凉爽湿润、通风的气候环境，忌高热、寒冷，喜光照，但栽培时需避免夏季烈日暴晒，需蔽荫，在 7~15℃ 条件下生长良好。对土壤要求严格，以富含腐殖质的砂土为好，忌土湿，要求有良好的通气、排水的条件，以微酸性土壤为好。15℃ 以上营养生长，10℃ 以下经过 4~6 周即可花芽分化。

养护要点：生长期内每周追施 1 次稀释肥，要保持较高的空气湿度，但盆土中水分不宜过大，空气过于干燥时宜多喷水，少浇水，浇水掌握间干间湿的原则，防止水大烂根。浇水浇肥勿使肥水沾在叶面上，造成叶片腐烂。冬季室内温度维持在5~10℃，光线太强要注意遮阴。蒲包花为长日照植物，因此在温室内利用人工光照延长每天的日照时间，可以提前开花。5~6月种子逐渐成熟，在蒴果未开裂前种子已变褐色时，及时收取。

繁殖方法：

(1)播种繁殖：播种多于8月底9月初进行，此时天气渐凉。培养土以6份腐叶土加4份河沙配制而成，于浅盆内直接撒播，不覆土，用"盆底浸水法"给水，播后盖上玻璃或塑料布封口，维持13~15℃，1周后出苗。出苗后及时除去玻璃、塑料布，以利通风，并逐渐见光，使幼苗生长茁壮，室温维持20℃以下。当幼苗长出2片真叶时进行分盆。

(2)扦插繁殖：少量进行扦插。

病虫害防治：蒲包花易发生病虫害，种植中应采取措施，幼苗期易发生猝倒病，应进行土壤消毒，拔出病株，或使盆土稍干；空气过于干燥，温度过高，易发生红蜘蛛、蚜虫等，可喷药、增加空气湿度或降低气温。

景观用途：蒲包花是初春之季重要观赏花卉之一，花形奇特，色泽鲜艳，花期长，观赏价值很高，能补充冬春季节观赏花卉不足，也可作室内装饰点缀，置于阳台或室内观赏。

花语：援助。

橙色蒲包花：富贵。

白色蒲包花：失落。

紫色蒲包花：离别。

三、香豌豆

别称：花豌豆、腐香豌豆。

科属：豆科香豌豆属。

形态特征：一、二年生蔓性攀援草本植物。全株被白色毛；茎棱状有翼，羽状复叶，仅茎部两片小叶，先端小叶变态形成卷须；花具总梗，腋生，花大，蝶形，花色有紫、红、蓝、粉、白等色，并具斑点、斑纹，具芳香；荚果长圆形，种子球形、褐色。

习性：喜冬暖夏无酷暑的气候条件，宜作二年生花卉栽培；喜日照充足，也能耐半阴。

养护要点：发芽适温20℃，生长适温15℃左右，盛夏到来之前完成结实阶段而死亡。要求通风良好，不良者易患虫害、病害；属于深根性花卉，要求疏松肥沃、湿润而排水良好的砂壤土，在干燥、瘠薄的土壤上生长不良，不耐积水。

繁殖方法：采用播种繁殖，可于春、秋进行，华北地区多于8～9月进行秋播。种子有硬粒，播前用40℃温水浸种1昼夜，发芽整齐，后定植于温室中。香豌豆不耐移植，多直播育苗，或盆播育苗，待小苗长成时，脱盆移植，避免伤根。

病虫害防治：病害主要有白粉病、褐斑病、霜霉病，除加强通风外，要注意预防，在发病初期应及时用药防治。虫害主要有潜叶蝇、蚜虫，采用氧化乐果防治。

景观用途：香豌豆花形独特，枝条细长柔软，可作冬春切花材料，也可盆栽供室内陈设欣赏，春夏还可移植户外任其攀援作垂直绿化材料，或为地被植物。

花语：永远的离别。

四、彩叶草

别称：五彩苏、老来少、锦紫苏。

科属：唇形科鞘蕊花属。

形态特征：多年生草本植物，多作一、二年生栽培。株高50～80cm，栽培苗多控制在30cm以下；全株有毛；茎为四棱，基部木质化；单叶对生，卵圆形，先端长渐尖，缘具钝齿牙，叶面绿色，有淡黄、桃红、朱红、紫等色彩鲜艳的斑纹；顶生总状花序，花小，浅蓝色或浅紫色；小坚果平滑有光泽。

分布：我国各地庭园常有栽培。

习性：喜温，适应性强，冬季温度不低于10℃，夏季高温时稍加遮阴；喜充足阳光，光线充足能使叶色鲜艳。

养护要点：彩叶草的日常管理比较简单，只需注意及时摘心，促发新枝，形成丰满的球形，养成株丛。花序生成即应除去，以免影响叶片观赏效果。

水肥管理：喜湿润，夏季要浇足水，否则易发生萎蔫现象；经常向叶面喷水，保持一定空气湿度。多施磷肥，以保持叶面鲜艳；忌施过量氮，否则叶面暗淡。

土壤管理：要求土壤疏松肥沃，一般园土即可。

温度管理：喜温暖，耐寒力较强，生长适温为15～25℃，越冬温度为10℃左右，低于5℃时易发生冻害。

光照管理：彩叶草喜阳光充足，但忌烈日暴晒。

繁殖方法：

（1）播种繁殖：在有高温温室的条件下，四季均可盆播。一般在3月于温室中进行，用充分腐熟的腐殖土与素面沙土各半掺匀装入苗盆，将盛有细沙土的育苗盆放于水中浸透，然后按照小粒种子的播种方法下种，微覆薄土，以玻璃板或塑料薄膜覆盖，保持盆土湿润，给水和管护。发芽适温25～30℃，10天左右发芽。出苗后间苗1～2次，再分苗上盆。播种的小苗，叶面色彩各异，此时可择优汰劣。

（2）扦插繁殖：有些不能用播种繁殖方法保持品种性状的，需采取扦插繁殖。扦插一年四季均可进行，极易成活。也可结合植株摘心和修剪进行嫩枝扦插，剪取生长充实饱满的枝条，截取10cm左右，插入消过毒的河沙中，保持盆土湿润。温度较高时，生根较快，期间切忌盆土过湿，以免烂根，15天左右即可发根成活。

景观用途：彩叶草色彩鲜艳、品种甚多、繁殖容易，是优良的盆栽观叶花卉，也可应用于夏秋季节的花坛，非常美丽。也可以剪取枝叶做切花，或花篮的配料，还可与鸭跖草同栽一盆，成为布置客厅、书房的好材料。

花语：绝望的恋情。

第二节　宿根花卉

一、非洲菊

别称：扶郎花、灯盏花、秋英、波斯花。

科属：菊科大丁草属。

形态特征：多年生宿根常绿草本植物。株高 30～45cm；叶基生，叶柄长，叶片长圆状匙形，羽状浅裂或深裂；头状花序单生，总苞盘状，钟形，舌状花瓣 1～2 或多轮呈重瓣状，花色有大红、橙红、淡红、黄色等，通常四季有花，以春秋两季最盛。

分布：原产南非，各地均有栽培。

习性：喜冬暖夏凉、空气流通、阳光充足的环境，不耐寒，忌炎热；喜肥沃疏松、排水良好、富含腐殖质的砂质壤土，忌黏重土壤，宜微酸性土壤。

养护要点：生长适温 20～25℃，冬季适温 12～15℃，低于 10℃ 时则停止生长，属半耐寒性花卉，可忍受短期的 0℃ 低温。

繁殖方法：多采用组织培养法，也可采用分株法繁殖，每个母株可分 5～6 小株。

病虫害防治：

（1）白粉病：保持棚内通风低湿，及时清除病叶；发病时喷施 70% 甲基托布津 1500 倍液，或用 20% 菌克烟雾熏烟防治，每隔 7 天防治 1 次，连防 2～3 次。

（2）斑点病：发现病叶及时摘除，集中销毁；发病初期喷施 2.5% 腈菌唑乳油 300 倍液或 70% 甲基托布津可湿性粉剂 800～1000 倍液，7 天喷 1 次，连续喷 2～3 次。

（3）白粉虱：彻底清除杂草；插黄板进行随时监测，一旦发现虫害，要及时采取措施。白粉虱对农药易产生抗性，必须轮换用药，效果较好的农药有高效氯氰菊酯、阿维菌素、吡虫啉等。喷药时间选在黎明，喷后密闭大棚 4～5 个小时，第二天早晨连续喷药 1 次。

（4）蓟马：及时剪除有虫花朵，从而减少温棚（室）内的虫源；在温室中熏蒸农药是最好的防治方法，用 5% 吡虫啉 1500～2000 倍液喷雾，然后关闭大棚 8～10 小时，熏蒸时间可在早上 10：00 或傍晚 17：00 温度稍高时进行以达到良好药效。

景观用途：非洲菊风韵秀美，花色艳丽，切花供养期长，是理想的切花材料，也可盆栽观赏。在温暖地区可作宿根花卉应用。

花语：清雅、高洁、隐逸。

二、鹤望兰

别称：天堂鸟、极乐鸟花。

科属：旅人蕉科鹤望兰属。

形态特征：高达 1~2m，根粗壮肉质；茎不明显；叶对生，两侧排列，革质，长椭圆形或长椭圆状卵形；花梗与叶近等长，花序外有总佛焰苞片，长约 15cm，绿色，边缘晕红，着花 6~8 朵，顺次开放；外花被片 3 个，橙黄色；内花被片 3 个，舌状，天蓝色。花形奇特，色彩夺目，宛如仙鹤翘首远望。秋冬开花，花期长达 100 天以上。种皮坚硬，亮黑褐色，饱满，脐毛金黄色。

分布：原产于南非，各地均有栽培。

习性：喜温暖、不耐寒，喜疏松、肥沃的壤土。

养护要点：

水：要求空气湿润，土壤排水良好。

肥：喜肥，生长期需 15 天施 1 次液肥。

土：要求疏松、肥沃的壤土。

温：喜温暖，不耐寒，冬季不可低于 5℃。

光：夏季畏强光暴晒，冬季则需阳光充足，空气通畅。

繁殖方法：成熟的种子最好及时播种，出苗快而整齐。

病虫害防治：易患根腐病、灰霉病、细菌性立枯病。播种前需在温水中浸泡种子且消毒土壤，尽量少给植株喷水，增施钾肥，保证环境通风良好。在发病初期每隔 10 天使用 75% 的百菌清可湿性粉剂 500 倍液喷施 1 次，共用药 2~3 次。鹤望兰易患的虫害有粉虱、小红蜘蛛、介壳虫，均可使用杀虫剂控制。

景观用途：鹤望兰适应性强，栽培容易，花姿高贵典雅，是一种有经济价值的观赏花卉。盆栽鹤望兰摆放宾馆、接待大厅和大型会议室，具清新、高雅之感；在南方可丛植院角，点缀花坛中心。鹤望兰还是重要的切花品种。

花语：自由、幸福、友谊、把所有幸福都给你、热烈的相爱。

三、吊兰

别称：钩兰、吊竹兰、折鹤兰。

科属：百合科吊兰属。

形态特征：宿根草本。具簇生的圆柱形肥大须根和根状茎；叶基生，条形至条状披针形，狭长、柔韧，顶端长、渐尖；基部抱茎，着生于短茎上；花莛细长，长于叶，弯垂；总状花序单一或分枝，有时还在花序上部节上簇生长 2~8cm 的条形叶丛；花白色，花期在春夏间。吊兰的最大特点在于成熟的植株会不时长出走茎，走茎长 30~60cm，先端均会长出小植株。

分布：原产非洲南部，现在世界各地广为栽培。

习性：性喜温暖，喜湿润、半阴的环境；适应性强，较耐旱，但不耐寒；对土壤要求苛刻，一般在排水良好、疏松肥沃的砂质土壤中生长较佳。

养护要点：对光线的要求不严，一般适宜在中等光线条件下生长，亦耐弱光。生长适温为 15~25℃，越冬温度为 5℃。

繁殖方法：

(1)扦插繁殖：取长有新芽的匍匐茎 5~10cm 插入土中，约 1 个星期即可生根，20 天左右可移栽上盆，浇透水放荫凉处养护。

(2)分株繁殖：将吊兰植株从盆内托出，除去陈土和朽根，将老根切开，使分割开的植株上均留有 3 个茎，然后分别移栽培养。也可剪取吊兰匍匐茎上的簇生茎叶(实际上就是一棵新植株幼体，上有叶，下有气根)，直接将其栽入花盆内培植即可。

(3)播种繁殖：于 3 月份进行。因其种子颗粒不大，播下种子后上面的覆土不宜厚，一般 0.5cm 即可。在气温 15℃情况下，种子约 2 周可萌芽，待苗棵成形后移栽培养。

病虫害防治：吊兰病虫害较少，主要有生理性病害，叶前端发黄，应加强肥水管理。经常检查，及时抹除叶上的介壳虫、粉虱等。吊兰不易发生病虫害，但如盆土积水且通风不良，除会导致烂根外，也可能会发生根腐病，可用多菌灵可湿性粉剂 500~800 倍液浇灌根部，每周 1 次，连用 2~3 次即可。

景观用途：吊兰是最为传统的居室垂挂植物之一，具有吸收有毒气体的功能，可吸收空气中由吸烟或是建材散发出的甲醛，起到净化空气、保护人体的作用。此外吊兰全株可入药，具有清肺、止咳、凉血、止血等功效。

花语：无奈而又给人希望。

四、四季秋海棠

别称：玻璃翠、瓜子海棠。

科属：秋海棠科秋海棠属。

形态特征：多年生常绿草本。株高 20~50cm；根纤维状；茎直立，肉质，无毛，基部多分枝；叶互生，卵形或宽卵形，基部略偏斜，边缘有锯齿，两面光亮，绿色、古铜色或深红色；聚伞花序腋生，花单性，雌雄同株，花色有淡红、白色、红色，花期全年。

分布：原产南美巴西，现各地均有栽植。

习性：喜阳光，稍耐阴；喜温暖，怕寒冷，怕干燥及水涝；喜疏松、富含有机质的土壤。

养护要点：四季秋海棠在早晨和傍晚最好稍见阳光；若发现叶片卷缩并出现焦斑，这是受日光灼伤后的症状。到了霜降之后，就要移入室内防冻保暖，否则遭受霜冻，就会冻死；应注意水分的管理，水分过多易发生烂根、烂芽、烂枝的现象，高温高湿易产生各种疾病；及时修剪长枝、老枝而促发新的侧枝，加强修剪有利于株形的美观。

繁殖方法：

（1）播种繁殖：春、秋两季均可进行。宜用当年采收的新鲜种子，将种子均匀播入盆土压平后，即应洇水，再盖上玻璃，保持室温20~22℃，播种1周发芽。秋播，翌年3~4月开花；春播，冬天开花。

（2）扦插繁殖：以春、秋两季为好。选健壮的顶端嫩枝作插穗，长约10cm，插于沙床，2周后生根。

（3）分株繁殖：在春季换盆时进行。将母株切成几份，切口用木炭粉涂抹，以防止伤口腐烂。

病虫害防治：

立枯病：主要危害茎基部及靠近土表的叶片。发病初期，近土面茎基部染病生暗色斑点，扩展后变为棕褐色腐烂状；叶片染病生暗绿色水渍状圆形病斑，侵染叶柄时现褐色腐烂。防治方法：①发现病叶及时摘除，加强通风。②进行土壤消毒。③发病初期可用50%立枯灵可湿性粉剂1000倍液喷洒。

景观用途：四季秋海棠叶色油绿光洁，花朵玲珑娇艳，可盆栽观赏，也可布置花坛。

花语：相思、呵护、诚恳、苦恋。

第三节　球根花卉

一、马蹄莲

别称：慈菇花、水芋马、观音莲。

科属：天南星科马蹄莲属。

形态特征：多年生草本。具肥大肉质块茎，株高1~2.5m；叶基生，具长柄，叶柄一般为叶长的2倍，上部具棱，下部呈鞘状折叠抱茎；叶卵状箭形，全缘，鲜绿色；花梗着生叶旁，高出叶丛，肉穗花序包藏于佛焰苞内，佛焰苞形大、开张呈马蹄形；肉穗花序圆柱形，鲜黄色，花序上部生雄蕊，下部生雌蕊；果实肉质，包在佛焰苞内；花期3~8月，而且正处于用花旺季；在气候条件适合的地方可以收到种子，一般很少有成熟的果实。

分布：原产非洲南部的河流或沼泽地中。

习性：性喜温暖气候，不耐寒，不耐高温；生长适温为20℃左右，0℃时根茎就会受冻死亡；冬季需要充足的日照，夏季阳光过于强烈灼热时适当进行遮阴；喜潮湿但不耐干旱，喜疏松肥沃、腐殖质丰富的黏壤土。

养护要点：马蹄莲生长期间喜水分充足，要经常向叶面、地面洒水，并注意叶面清洁。每半月追施液肥1次，施肥后要立即用清水冲洗，以防意外，霜前移入温室，室温保持10℃以上。在养护期间为避免叶多影响采光，可去除外叶片，这样也利于花梗伸出。2～4月是盛花期，花后逐渐停止浇水；5月以后植株开始枯黄，应注意通风并保持干燥，以防块茎腐烂。待植株完全休眠时，可将块茎取出，晾干后贮藏，秋季再行栽植。

繁殖方法：以分球繁殖为主。植株进入休眠期后，剥下块茎四周的小球，另行栽植。也可播种繁殖，种子成熟后即行盆播，发芽适温20℃左右。

病虫害防治：病害主要是软腐病，发现后立即拔除病株，用200倍福尔马林对栽植穴进行消毒，尽量避免连作；及时排涝，保持空气流通，并在发病时喷洒波尔多液。虫害主要是红蜘蛛，可用三硫磷3000倍液防治。

景观用途：马蹄莲花朵美丽，春秋两季开花，单花期特别长，是装饰客厅、书房的良好盆栽花卉，也是重要的切花品种之一。

花语：博爱、圣洁虔诚、永恒、优雅高贵、希望。

二、朱顶红

别称：百枝莲、朱顶兰、孤挺花、华胄兰、对红。

科属：石蒜科朱顶红属。

形态特征：多年生草本植物。鳞茎肥大，近球形，直径5～10cm，外皮淡绿色或黄褐色；叶片两侧对生，带状，先端渐尖，叶片多于花后生出；总花梗中空，被有白粉，顶端着花2～6朵，花喇叭形，花大色多，花期长。

分布：原产秘鲁和巴西一带，现各国均广泛栽培

习性：喜温暖湿润气候，生长适温为18～25℃；忌酷热，阳光不宜过于强烈，应置阴棚下养护；怕水涝，喜富含腐殖质、排水良好的砂壤土。

养护要点：

(1)换盆：朱顶红生长快，经1年生长，应换上适合的花盆。

(2)换土：盆土经1年或2年种植，盆土肥分缺乏，为促进新一年生长和开花，应换上新土。

(3)分株：朱顶红经1年或2年生长，头部生长小鳞茎很多，因

此在换盆、换土的同时进行分株。

（4）施肥：在换盆、换土、种植的同时要施底肥，上盆后每月施磷钾肥1次，施肥原则是薄施勤施，以促进花芽分化和开花。

（5）修剪：朱顶红的叶片长又密，应在换盆、换土的同时把枯叶、枯根、病虫害根叶剪去，留下旺盛叶片。

（6）防治病虫害：为使朱顶红生长旺盛，及早开花，应进行病虫害防治，每月喷洒花药1次，喷花药要在晴天上午9：00和下午16：00左右进行，中午烈日不宜喷洒，防止药害。

繁殖方法：

（1）播种繁殖：种子成熟后，即可播种，在18~20℃情况下，发芽较快。

（2）分球繁殖：分球繁殖于3~4月进行，将母球周围的小球取下另行栽植，栽植时覆土不宜过多，以小鳞茎顶端略露出土面为宜。

病虫害防治：

（1）线虫：主要从叶片和花茎上的气孔侵入，侵入后引起叶和茎花发病，并逐步向鳞茎方向蔓延。鳞茎需用43℃温水加入0.5%福尔马林浸3~4小时，达到防治效果。

（2）红蜘蛛：可用40%三氯杀螨醇乳油1000倍液喷杀。

（3）红斑病：叶尖、叶缘、叶面均可感病，发病初期出现紫褐色小斑点，逐渐扩展成病斑，干缩凹陷，最后变为灰白色，上面散生许多小黑点，即分生孢子。发病期间用多菌灵600~800倍液防治，连续喷施数次，并及时彻底清除病叶予以销毁，以减少侵染源。

景观用途：朱顶红叶厚有光泽，花色柔和艳丽，花朵硕大肥厚，适于盆栽陈设于客厅、书房和窗台。

花语：渴望被爱、追求爱。

第四节　亚灌木花卉

一、天竺葵

别称：洋绣球、入腊红、石腊红、日烂红、洋葵、驱蚊草。

科属：牻牛儿苗科天竺葵属。

形态特征：株高 30～60cm，全株被细毛和腺毛，具异味；茎肉质；叶互生，圆形至肾形，通常叶缘内有马蹄纹；伞形花序顶生，总梗长，有直立和悬垂两种，花色有红、橙、白色等，有单瓣重瓣之分，花期 5～6 月；蒴果成熟时 5 瓣开裂，而果瓣向上卷曲。

分布：原产非洲南部。

习性：生性健壮，很少病虫害；适应性强，各种土质均能生长，但以富含腐殖质的砂壤土生长最良；喜阳光，好温暖，稍耐旱，怕积水，不耐炎夏的酷暑和烈日的暴晒。

养护要点：天竺葵入夏后植株停止生长，叶片老化，呈半休眠状，此时可转至室内阴凉处，停施液肥，按时浇水，雨天将盆放倒，防止积水烂根。至 9 月间暑过天爽，此时可进行翻盆换土，先将枝条剪短，仅留各分枝基部 10cm 左右，使重发新芽更换新枝。浇水要适中，盆土不可过湿，以浇后半日盆土呈半干状为宜。

繁殖方法：天竺葵繁殖以扦插为主，多于春、秋两季进行。一般春插者可于新年和春节间开花；秋插者可于 4 月底开花。插穗可用新、老枝条，但以枝端嫩梢插后生长最好。

病虫害防治：

细菌性叶斑病：叶片病害发生初期在叶背出现水渍状小斑，以后逐渐扩大为暗褐色或赤褐色圆形或不规则形的病斑，使叶片大部分死亡。防治方法：①植株间要通风透光，避免湿度过高；不在病株上选取插条，摘除所有病叶、病枝。②每隔 10～15 天，喷 1 次 1% 波尔多液进行预防。

景观用途：天竺葵花色繁多，是重要的盆栽花卉。在冬暖夏凉地区可作露地栽植。

花语：偶然的相遇，幸福就在你身边。

二、文竹

别称：云片松、刺天冬、云竹。

科属：百合科天门冬属。

形态特征：蔓性常绿亚灌木。肉质，茎柔软丛生，伸长的茎呈攀援状；平常见到绿色的叶其实不是真正的叶，而是叶状枝，真正的叶退化成鳞片状，淡褐色，着生于叶状枝的基部；叶状枝纤细而丛生，呈三角形水平展开羽毛状；主茎上的鳞片多呈刺状；花小，两性，白绿色，1～3 朵着生短柄上，花期春季；浆果球形，成熟后紫黑色，有种子 1～3 粒。

分布：原产于南非，在我国有广泛栽培。

习性：性喜温暖、湿润和半阴环境，不耐严寒，不耐干旱，忌阳光直射；适生于排水良好、富含腐殖质的砂质壤土；生长适温为 15～25℃，越冬温度为 5℃。

养护要点：

（1）光照：光照过强或阳光直射，易导致叶片发黄。

（2）浇水：文竹喜湿润但怕涝，应以透气透水的砂质土壤培植。

（3）施肥：文竹不喜肥，肥多易抽条。但如长期不施肥，也会造成养分不足，应每半月浇 1 次极稀的腐熟肥，并注意施肥后及时浇水、松土。

（4）越冬：冬季应置于室内向阳处，室温保持在 8～12℃ 范围内。长期背阴，室温低于 8℃ 以下，会导致叶片变黄。

（5）通风：文竹最怕烟尘和有害气体，养护应放于空气流通处，以避免污染。还应多向叶面喷水，冲洗尘灰。

繁殖方法：

（1）播种繁殖：种子自 12 月至翌年 4 月陆续成熟，播于河沙和腐叶土等量混合的基质上，覆土不宜太厚，浇透水，保持湿润，在温度 20～30℃ 时 1 个月左右即可发芽。

（2）分株繁殖：分株一般在春季进行。用利刀顺势将丛生的茎和根分成 2～3 丛，使每丛含有 3～5 枝芽，然后分别种植上盆。分株时尽量少伤根系，分株后注意保湿和遮阴。

病虫害防治：室内文竹管理粗放时，很容易遭受虫害。危害较为严重的有红蜘蛛，表现症状为叶片枝叶被白色丝网缠绕包裹，叶片枝叶干枯发黄。红蜘蛛个体微小，繁殖快速，一旦发现，应及时人工或者化学除虫，并且修剪受害严重的枝叶。

景观用途：文竹纤细秀丽，可盆栽观赏，也可作切叶材料。

花语：永恒、朋友纯洁的心、永远不变。

三、倒挂金钟

别称：吊钟海棠、吊钟花、灯笼海棠。

科属：柳叶菜科倒挂金钟属。

形态特征：半灌木或小灌木。株高 30～150cm；茎近光滑，枝细长稍下垂，常带粉红或紫红色，老枝木质化明显；叶对生或三叶轮生，卵形至卵状披针形，边缘具疏齿；花单生于枝上部叶腋，具长梗而下垂；萼筒长圆形，花瓣有红、白、紫色等，花期 4～7 月；浆果。

分布：原产中、南美洲国家，现各地广泛栽培。

习性：喜凉爽湿润环境，怕高温和强光，以肥沃、疏松的微酸性土壤为宜；喜富含腐殖质、排水良好的肥沃砂壤土。

养护要点：注意肥水管理，到一定高度要进行多次摘心使植株分枝多，开花多。开花后修剪仅留茎部 15～20cm，控制浇水，放凉爽处过夏；天气转凉再勤施肥水，促使生长，冬季入温室。每年春季进行一次换盆，生长旺盛时，每 10 天至 15 天应施用油饼水液肥 1 次。经常浇水，增加空气湿度。倒挂金钟枝条细弱下垂，需摘心整形，促使分枝，花期少搬动，防止落蕾落花。

繁殖方法：扦插繁殖，除夏季外，全年均可进行。4～5 月或 9～10 月扦插发根最快。扦插用枝梢顶端或中下部均可，剪截成 8～10cm 一段插入盛有沙土的盆内，放置半阴处，盖上玻璃，经十余天即生根，再培育 7 天，即可换盆分栽。

病虫害防治：

(1)根腐病：常发生在浇水过多、连阴雨天和夏季炎热造成缺氧的情况下，引起根部变黑腐烂，轻者枝叶黄萎，重者全株死亡。防治方法：①浇水时要见干见湿，防止水量过多；要经常松土，保持土壤通气良好。②若遭雨淋应及时排除积水。③夏季放在室外时，应放在遮荫、通风、凉爽处养护。

(2)灰霉病：在叶、茎和花上出现紫褐色病斑，并长出灰霉状物，危害花蕾，导致花蕾腐烂。防治方法：①要注意通风、透光。②注意排水。③剪除病叶。④喷洒代森锌 800~1000 倍液。

（3）白粉病：在嫩叶、幼芽、嫩梢及花蕾上，出现褪绿斑点以后逐渐变成白色粉斑，可用 50% 代森锌 800~1000 倍液喷雾。

（4）蚜虫、红蜘蛛：这种害虫刺吸叶、芽及花的汁液，影响正常生长发育，严重时全株枯死。可用 10% 敌杀死溶液喷雾或 50% 灭蚜松 2000 倍液喷雾。

景观用途：倒挂金钟开花时，垂花朵朵，婀娜多姿，如悬挂的彩色灯笼，盆栽适应于客厅、花架、案头点缀；气候适宜地区可地栽布置花坛；用清水插瓶，既可观赏，又可生根繁殖。

第五节　木本花卉

一、一品红

别称：象牙红、老来娇、圣诞花、圣诞红、猩猩木。

科属：大戟科大戟属。

形态特征：常绿灌木。高 50~300cm；茎叶含白色乳汁，茎光滑，嫩枝绿色，老枝深褐色；单叶互生，卵状椭圆形，全缘或波状浅裂；叶被有毛，叶质较薄，脉纹明显；顶端靠近花序之叶片呈苞片状，开花时朱红色，为主要观赏部位；杯状花序聚伞状排列，顶生；总苞淡绿色，花期 12 月至翌年 2 月。

分布：原产于墨西哥，现广泛栽培。

习性：不耐寒；喜湿润及阳光充足的环境，向光性强，对土壤要求不严，但以微酸性的肥沃、湿润、排水良好的砂壤土最好。

养护要点：一品红为短日照植物，在茎叶生长期需充足阳光，促使茎叶生长迅速繁茂。要使苞片提前变红，将每天光照控制在 12 小时以内，促使花芽分化。如每天光照 9 小时，5 周后苞片即可转红。一品红耐寒性较弱，华东、华北地区温室栽培，必须在霜冻之前移入温室，否则温度低，容易造成黄叶、落叶等。冬季室温不能低于 5℃，以 16~18℃ 为宜。对水分要求严格，土壤过湿，容易引起根部腐烂、落叶等。

繁殖方法：扦插繁殖为主，嫩枝及休眠期均可扦插，但以嫩枝扦插生根快，成活率高。

景观用途：一品红开花期间适逢圣诞节，故又称"圣诞红"，是冬春重要的盆花和切花。

花语：一片炽热的热情、我的心正在燃烧、绿洲。

二、八仙花

别称：绣球、斗球、草绣球、紫绣球、紫阳花。

科属：虎耳草科八仙花属。

形态特征：灌木。高 1～4m；茎常于基部发出多数放射枝而形成一圆形灌丛；枝圆柱形，粗壮，紫灰色至淡灰色，无毛，具少数长形皮孔；叶纸质或近革质，倒卵形或阔椭圆形；伞房状聚伞花序近球形，直径 8～20cm，具短的总花梗，花期 6～8 月，花色有白、粉、蓝等色。

分布：原产中国和日本，后引种到英国、荷兰、德国和法国等地。

习性：八仙花喜温暖、湿润和半阴环境；生长适温为 18～28℃，冬季温度不低于 5℃。花芽分化需 5～7℃条件下 6～8 周，20℃温度可促进开花，见花后维持 16℃，能延长观花期，但高温使花朵褪色快。土壤以疏松、肥沃和排水良好的砂质壤土为好。土壤 pH 值的变化，使八仙花的花色变化较大。如为了加深蓝色，可在花蕾形成期施用硫酸铝；为保持粉红色，可在土壤中施用石灰。盆土要保持湿润，但浇水不宜过多，特别是雨季要注意排水，防止受涝引起烂根。冬季室内盆栽八仙花以稍干燥为好，过于潮湿则叶片易腐烂。八仙花为短日照植物，每天黑暗处理 10 小时以上，45～50 天形成花芽。平时栽培要避开烈日照射，以 60%～70% 遮阴最为理想。

繁殖方法：常用分株、压条、扦插法进行繁殖。

（1）分株繁殖：宜在早春萌芽前进行。将已生根的枝条与母株分离，直接盆栽，浇水不宜过多，在半阴处养护，待萌发新芽后再转入正常养护。

(2)压条繁殖：在芽萌动时进行，30 天后可生长，翌年春季与母株切断，带土移植，当年可开花。

(3)扦插：在梅雨季节进行。剪取顶端嫩枝，长 20cm 左右，摘去下部叶片，扦插适温为 13 ~ 18℃，插后 15 天生根。

病虫害防治：病害主要有萎蔫病、白粉病和叶斑病，可用 65% 代森锌可湿性粉剂 600 倍液喷洒防治。虫害有蚜虫和盲蝽等，可用 40% 氧化乐果乳油 1500 倍液喷杀。

景观用途：八仙花花大色美，是长江流域著名观赏植物。园林中可配置于稀疏的树荫下及林荫道旁，片植于阴向山坡。因对阳光要求不高，故最适宜栽植于光照较差的小面积庭院中。更适于植为花篱、花境。如将整个花球剪下，瓶插室内，或将花球悬挂于床帐之内，更觉雅趣。

花语：希望、健康、有耐力的爱情、骄傲、美满、团圆。

三、变叶木

别称：洒金榕。

科属：大戟科变叶木属。

形态特征：常绿灌木或小乔木。高 1 ~ 2m；单叶互生，厚革质，叶片形状有线形、披针形至椭圆形，边缘全缘或者分裂，波浪状或螺旋状扭曲，叶片上常具有白、紫、黄、红色的斑块和纹路；全株有乳状液体；总状花序生于上部叶腋，花白色不显眼。

分布：原产东南亚和太平洋群岛的热带地区。

习性：喜高温、湿润和阳光充足的环境，不耐寒。

养护要点：变叶木生长适温为 20 ~ 30℃。3 ~ 10 月为 21 ~ 30℃，10 月至翌年 3 月为 13 ~ 18℃。冬季温度不低于 15℃。若短期处于 10℃，则叶色不鲜艳，暗淡、缺乏光泽；温度在 4 ~ 5℃时，叶片受冻害，造成大量落叶，甚至全株冻死。变叶木喜湿怕干，土壤以肥沃、保水性强的黏质壤土为宜。盆栽用培养土、腐叶土和粗沙的混合土壤。生长期茎叶生长迅速，应给予充足水分，并每天向叶面喷水。但冬季低温时盆土要保持稍干燥，因冬季处于半休眠状态，如水分过多，会引起落叶，必须严格控制。

水：喜水湿，4~8 月生长期要多浇水，经常给叶片喷水，保持叶面清洁及潮湿环境。

肥：生长期一般每月施 1 次液肥或缓释性肥料。

土：喜肥沃、黏重而保水性好的土壤，培养土可用黏质土、腐叶土、腐熟厩肥等调配。

温：变叶木属热带植物，生长适温 20~35℃，冬季不得低于15℃。若温度降至 10℃ 以下，叶片会脱落，翌年春季气温回升时，剪去受冻枝条，加强管理，仍可恢复生长。

光：喜阳光充足，不耐阴。室内应置于阳光充足的南窗及通风处，以免下部叶片脱落。

繁殖方法：多用扦插法进行繁殖，也可播种和压条繁殖。

病虫害防治：常见的病害有黑霉病、炭疽病等，可用 50% 多菌灵可湿性粉剂 600 倍液喷洒。室内栽培时，由于通风条件差，往往会发生介壳虫和红蜘蛛危害，可用 40% 氧化乐果乳油 1000 倍液喷杀。

景观用途：变叶木因其叶形、叶色上的变化而显示出色彩美、姿态美，在观叶植物中深受人们的喜爱。华南地区多用于公园、绿地和庭园美化，既可丛植，也可做绿篱；在长江流域及以北地区均做盆花栽培，装饰房间、厅堂和布置会场。变叶木的枝叶还是插花理想的配叶材料。

第六节　兰科、蕨类及多浆植物

一、蕙兰

别称：中国兰、九子兰、夏兰、九华兰、九节兰、一茎九花。

科属：兰科兰属。

形态特征：地生草本。假鳞茎不明显；叶 5~8 枚，带形，直立性强，基部常对折而呈 V 形，叶脉透亮，边缘常有粗锯齿；花葶从叶丛基部最外面的叶腋抽出，近直立或稍外弯；总状花序具 5~11 朵或更多的花；花苞片线状披针形，花常为浅黄绿色，唇瓣有紫红色斑，有香气；萼片近披针状长圆形或狭倒卵形；花期 3 ~ 5 月。

分布：原产我国西南部。

习性：喜冬季温暖和夏季凉爽气候，喜高湿强光；生长适温为 10 ~ 25℃，夜间温度以 10℃ 左右为宜。

养护要点：

(1)温度：生长适温为 10 ~ 25℃，但耐高温能力强，昼夜温差最好在 8℃ 以上。

(2)光照：生长最适光强在 15000 ~ 40000lx，最大光强最好小于 70000lx。

(3)空气湿度：非常喜湿，但要注意通风，否则易得炭疽病，小苗湿度应在 80% ~ 90%，中大苗湿度应在 60% ~ 85%。

繁殖方法：通常用分株法繁殖。分株时间多于植株开花后、新芽尚未长大之前的休眠期内进行。分株前应适当干燥，根略发白、绵软时操作。分切后的每丛兰苗应带有 2 ~ 3 枚假鳞茎，其中 1 枚必须是前一年新形成的。为避免伤口感染，可涂以硫磺粉或炭粉，放干燥处 1 ~ 2 日再单独盆栽，即成新株。分栽后放半阴处，不可立即浇水，发现过干可向叶面及盆面少量喷水，以防叶片干枯、脱落和假鳞茎严重干缩。待新芽基部长出新根后才可浇水。

病虫害防治：

(1)真菌性炭疽病：多发生于叶片顶端，病斑边缘黑褐色，中间灰白，多由高温、高湿、通风不良引起，应及时剪除病叶，并配合喷药。常用药剂有 1000 倍代森锰锌、1000 倍可杀得等。

(2)虫害：主要虫害有蛞蝓、叶螨。在 6 ~ 9 月通风不良时，蛞蝓发生严重，多在叶片背部隐藏，同时危害根系，防治时可在砖缝中撒石灰，然后喷水，可杀死大量成虫，同时可用长寿花叶及颗粒蛞克星诱杀。叶螨在叶子背面发生，因此打药时要从叶的背面开始打起。

景观用途：蕙兰株形丰满，叶色翠绿，花形优美，是高档的冬春季节日用花。

二、肾蕨

别称：蜈蚣草、圆羊齿、篦子草、石黄皮。

科属：肾蕨科肾蕨属。

形态特征：中型地生或附生蕨。株高一般 30~60cm；地下具根状茎，包括短而直立的茎、匍匐茎和球形块茎 3 种；肾蕨没有真正的根系，只有从主轴和根状茎上长出的不定根；从根茎上长的叶呈簇生披针形，一回羽状复叶，羽片 40~80 对；初生的小复叶呈抱拳状，具有银白色的茸毛，展开后茸毛消失，成熟的叶片革质光滑；羽状复叶主脉明显而居中，侧脉对称地伸向两侧；孢子囊群生于小叶片各级侧脉的上侧小脉顶端，囊群肾形。

分布：分布于热带和亚热带地区。

习性：喜欢温暖潮润和半阴的地方，常地生和附生于溪边林下的石缝中和树干上。

养护要点：生长适温 3~9 月为 16~24℃，9 月至翌年 3 月为 13~16℃。冬季温度不低于 8℃，但短时间能耐 0℃ 低温，也能忍耐 30℃ 以上高温。春、秋季需充足浇水，保持盆土不干，但浇水不宜太多，否则叶片易枯黄脱落。夏季除浇水外，每天还需喷水数次，特别是悬挂栽培时需空气湿度更大些，否则空气干燥，羽状小叶易发生卷边、焦枯现象。肾蕨喜明亮的散射光，但也能耐较低的光照，切忌阳光直射。

繁殖方法：

（1）分株繁殖：全年均可进行，以 5~6 月为好。此时气温稳定，将母株轻轻剥开，分开匍匐枝，栽后放半阴处，并浇水保持潮湿。当根茎上萌发出新叶时，再放遮阳网下养护。

（2）孢子繁殖：选择腐叶土或泥炭土加砖屑为播种基质，装入播种容器，将收集的肾蕨成熟孢子，均匀撒入播种盆内，喷雾保持土面湿润，播后 50~60 天长出孢子体。

（3）组培繁殖：常用顶生匍匐茎、根状茎尖、气生根和孢子等作外植体。

景观用途：肾蕨是目前广泛应用的观赏蕨类。它栽培容易、生长健壮、粗放管理就能达到很好的观赏装饰效果，可广泛地应用于客厅、办公室和卧室的美化布置，尤其用作吊盆式栽培更是别有情趣，可用来填补室内空间。

三、仙人球

别称：草球、长盛球。

科属：仙人掌科仙人球属。

形态特征：多年生肉质多浆草本植物。茎呈球形或椭圆形，绿色，球体有纵棱若干条，棱上密生针刺，黄绿色，长短不一，作辐射状；花着生于纵棱刺丛中，银白色或粉红色，长喇叭形。仙人球开花一般在清晨或傍晚，持续时间几小时到 1 天。

分布：产于南美洲，一般生长在高热、干燥、少雨的沙漠地带。

习性：性喜干，耐旱。仙人球的主要生长期是夏季，这也是它的盛花期。

养护要点：春夏季节，仙人球生长开始，每半个月施 1 次肥，最好施氮磷钾混合肥料。另外，要适当遮阳，切勿烈日暴晒。冬季，要把盆栽仙人球移入室内，室温在 5℃以上就能安全越冬。不适合浇太多水，否则易烂根。

繁殖方法：分球繁殖。

病虫害防治：在高温、通风不良的环境中，容易发生病虫害。病害可喷洒多菌灵或托布津；虫害可喷洒乐果杀除。

景观用途：茎、叶、花均有较高观赏价值。

花语：坚强、将爱情进行到底。

第三章　水培花卉

第一节　水培花卉概念及特点

一、水培花卉概念

水培花卉是近年来发展起来的一种新型培养方法，是以水为介质，将花卉栽植在器皿中并施以所需要的无机营养元素，以供观赏的方法，它属于无土栽培非固体介质型的静止水培方法。

水培植物在我国有着悠久的历史，早在 1700 年前西晋嵇康的《南方草木状》中就有水培的记载。

二、水培花卉优点

1. 观赏性强

水培花卉，直接的印象是在各种造型漂亮的透明玻璃器皿内用水栽培各种花卉植物，其中大多数还同时在水中放养观赏鱼类。所以说，水培花卉给人的第一感觉就是具有极强的观赏性。

2. 清洁卫生

水培花卉生长在清澈透明的水中，没有泥土，不施传统的肥料，不会滋生病毒、细菌、蚊虫，更无异味，可广泛应用于企业、宾馆、酒楼、机关、医院、商店、家庭等各种场所。

3. 养护方便

种植水培花卉特别简单，半个月、1 个月换 1 次水，加几滴营养液即可，简单、方便、省时、省事。

4. 便于组合

各种水培花卉可以像鲜花那样随意组合起来培养，且长期生长，形成精美的艺术品。

5. 调节小气候

居室摆放水培花卉或者水培蔬菜，可以增加室内空气湿度，调节小气候，怡情养性，有益身心健康。

6. 形式多样

水培花卉既可像普通花卉一样一株一盆，也可以组合成盆栽艺术品，新颖别致。将水培花卉培养在饭桌、茶几、吧台上，形成生态家具。办公室、酒吧、咖啡屋、餐厅如果摆上这样的花卉，在吃饭、开会、聊天时，又可观赏奇花异景，增添高雅情趣。

第二节　水培花卉种类及取材

一、水培花卉种类的选择

水培花卉不同于水生花卉。水生花卉天生适应水中生活，水培花卉就不同了，需要在水中经过一定的锻炼才能适应水中生活。当然，也有一些花卉天生就适于水培。

1. 花卉进行水培需具备的条件

花卉能否在水中正常生长，取决于植物的习性和植物内部的结构。不同的植物，由于习性不同，对水中溶氧量的要求也就不同，如果水中的溶氧量不能满足其需要，这种花卉就不宜进行水培。

A. 具有通气组织：有些植物体内具有通气组织，光合作用产生的氧气能够经过通气组织输送到植物的根系供呼吸之用，可进行水培。

B. 有气生根：有些植物的茎节部位生有气生根，这些气生根可以从空气中吸收植物所需要的氧气，这些花卉也可进行水培。

2. 适于水培的花卉植物种类

A. 天南星科植物：天南星科花卉易于生根，对基质环境适应性强，进行水培繁殖时，不但能在较短时间内发根，而且生根后能迅速生长，容易形成具有观赏效果的植株。基质转换后，原有的根系大多能适应水培环境，继续生长。也有一些花卉，水培后需要重新发出能适应水培条件的根系，才能在水中正常生长，但在水中生长出的根系几乎没有根毛。主要有龟背竹、绿巨人、绿萝、金皇后、合果芋、红宝石、绿宝石、海芋、火鹤花、马蹄莲等。

B. 百合科植物：大多数百合科植物适于水栽，如芦荟、吊兰、吉祥草等；朱蕉、龙血树等在高温的夏季易烂根，入秋后又能重新发根生长。

C. 景天科植物：这类植物虽不喜水湿，非常耐旱，但试验证明，此类多肉植物对水还是具有一定的适应性。适宜水培的有宝石花、莲花掌、落地生根等。莲花掌在夏天高温时虽易烂根，但秋季转凉后又可重新发根。

D. 鸭跖草科植物：此类花卉适应性强，具有宜于水栽的天性，能够在水中很快发根生长，如万年青、紫鸭跖草等。

E. 其它植物：适于水培的还有旱伞草、彩叶草、紫鹅绒、竹节海棠、君子兰、仙人掌、蟹爪兰、三角柱（接球）、桃叶珊瑚、六月雪、金粟兰、爬山虎、常春藤、棕竹、袖珍椰子、一叶兰等。

二、水培花卉的取材方法

水培花卉的取材方法可分为4种，即洗根法、水插法、剪取走茎小株法、切割蘖芽法。

1. 洗根法

这种方法是直接采用一般的土培苗，洗根后移植到水培盆中的做法，此法适用于多种花卉由土培改为水培。具体做法如下：

A. 选取生长强壮、株型优美的成型盆花，用手轻敲花盆的四周，待土松动后可将整株植物从盆中脱出，先用手轻轻把过多的泥土去除，再用水冲洗掉根部的泥或其它介质。

B. 修剪掉枯萎根、烂根，短截过长的根。对于根系十分繁茂的品种，可修去1/3～1/2的须根。修根有利于水栽植株根系的再生，提早萌发新的根系，从而促进植株对营养物质的吸收。若是丛生植株，株丛过大，可用利刀分割成2～3株。

C. 修剪完成后，先将植株的根部浸泡在浓度为0.05%～0.1%的高锰酸钾溶液中半个小时，然后将根系装入准备好的玻璃容器或分别插进定植杯的网孔中，尽量使根系舒展散开，同时要小心操作，不要再损伤根系。

D. 注入没过根系 1/2 ~ 2/3 的自来水，让根的上端暴露在空气中。第 1 周，每天换水 1 次。对于刚换盆的水培花卉，因其根部新创伤口多，容易腐烂，故需勤换水。特别是在高温天气，水中含氧量减少，植株呼吸作用加强，耗氧量多，更要勤换水，每天都要换。直至花卉在水中长出白色的新根后，才能逐步减少换水次数。

E. 当花卉在水中长出新根时，说明该花卉已经适应了水培环境，此时改用水培营养液栽培。

2. 水插法

水插法是水培花卉常用的既简便又容易栽培成功的方法。利用植物的再生能力在母株上截取茎、枝的一部分插入水里，在适宜的环境下生根、发芽，从而成为新的植株。具体做法如下：

A. 选择生长健壮、节间紧凑、无病虫害的植株。

B. 在选定截取枝条的下端 0.3 ~ 0.5cm 处，用利刀切下，切面要平滑，切口部位不得挤压，更不可有纵向裂痕。

C. 切割后的枝条有伤流，水插前要冲洗干净，将切下的枝条摘除下端叶片，尽快地插入水中，防止脱水影响成活。

D. 切取带有气生根的枝条时，应保护好气生根，并将其同时插入水中。气生根可变为营养根，并对植株起支撑作用。

E. 切取多肉植物的枝条时，应将插穗放置于凉爽通风处晾干伤口，一般需 2 ~ 3 天，让伤口充分干燥。

F. 注入容器内的水位以浸没插条的 1/3 ~ 1/2 为宜（多肉植物的插条，让插穗切口贴近水面，但勿沾水，以免切口浸在水中引起腐烂）。为保持水质清澈，提高溶解氧含量，需 3 ~ 5 天换一次自来水。同时冲洗枝条，洗净容器，经 7 ~ 10 天即可生根。

G. 经过 30 天左右的养护，大多数水插枝条都能长出新根。当新根长至 5 ~ 10cm 时，可适应低浓度水培营养液栽培。

用水插法取得的水培花卉植株，虽然操作简单，成活率高，但有时也会发生插条切口受微生物侵染而腐烂的情况，此时应将插条腐烂部分剪除，用浓度为 0.05% ~ 0.1% 的高锰酸钾溶液浸泡 20 ~ 30 分钟，再用清水漂洗，重新插入清水中。经过消毒处理后的插条一般不会再腐烂，仍然可以培育成新的植株。

3. 剪取走茎小株法

有些花卉如吊兰、虎耳草、吊凤梨等在生长过程中长出走茎，走茎上长有一株或多株小植株，可利用花卉的这一特性，剪取成型的小植株进行水培。应注意的事项：

A. 小株上大多带有少量发育完整的根，剪取后直接用小口径的容器水培。使用容器的口径不可过大，以能支撑住植株的下部叶片为宜，防止植株倒落到容器里。

B. 注入容器里的水达到根尖端即可，不得没过根的上端。

C. 7～10 天换 1 次自来水。当小植株的根向水里生长延伸至 10cm 左右时，用水培营养液栽培。

4. 切割蘖芽法

对于有生长蘖芽的花卉如凤梨、君子兰、芦荟、虎尾兰等，剥植株的蘖芽作水培栽植，既简单又容易成活，并且不受季节限制。方法如下：

A. 挑选蘖芽较大、已成型的植株，去除上部土壤，露出与母株相连的部位。

B. 用手或利刀将蘖芽剥离母株(保护好蘖芽的根)，用水将其根部冲洗干净。

C. 用海绵裹住蘖芽的茎基部固定在容器的上口，调整至根尖触及水面，或略微伸至水面以下。

D. 5～7 天换 1 次自来水，一般 20～25 天后，君子兰在假鳞茎的下端、凤梨在叶丛基部、芦荟和虎尾兰在茎基部都能长出新根。继续养护 15～20 天，待根长到一定长度后，用水培营养液栽培。

三、水培营养液的配制及使用方法

1. 营养液的种类

营养液分为三大类，一是观叶植物营养液，二是观花植物营养液，三是观果植物营养液，应根据水培的花卉选择适合的种类。有些观花植物还有专用营养液，如蝴蝶兰、君子兰、仙客来等著名花卉，要根据其不同的生长期需求配备不同种类的营养液。

2. 营养液水源的酸碱度

营养液水源的酸碱度 pH 值最佳为 5.5 ~ 6.5。北方的自来水多呈微碱性，华北地区的水厂供水酸碱度大多数在 pH 值 7.2 ~ 7.8。有的地区还要偏高些。偏碱的自来水应该酸化后再使用，可用硫酸或硝酸调整。

3. 营养液的使用

为了使用方便，一般将营养液配成 100 倍的母液，使用时再按照配方的浓度稀释。配好的营养液最好避光保存。

4. 营养液的更换

水培营养液在使用一段时间之后是需要更换的。由于花卉在生长过程中对所需要的无机元素有选择地吸收，造成营养液离子失去平衡，可能导致花卉产生缺素性生理病害。同时温度的变化也会导致水培营养液 pH 值发生变化，影响花卉对无机营养的吸收。花卉在生长发育过程中，老根衰败枯死，新根不断萌生，根系会分泌出废弃物，使水培营养液的品质恶化，有碍于花卉正常的生理代谢，所以水培花卉必须要定期更换营养液。水培营养液应该是清澈透明的，由于不明原因突然变得混浊，或有蚊虫卵块、孑孓滋生、飞蛾落入，应该立即更换。

更换水培营养液的时间应依据不同的季节、温度变化，以及花卉的长势来确定。

A. 春、秋季节：温度在 18 ~ 25℃ 时，一般 7 ~ 10 天更换 1 次。

B. 夏季：夏季高温时 5 天更换 1 次。而对于根系纤细，气温在 30℃ 以上时处于休眠或半休眠状态的花卉，只用自来水蓄养即可，如凤梨、竹节秋海棠等。

C. 冬季：冬季气温低，花卉的生理代谢缓慢，根也不易枯萎腐烂，病菌不会大量繁衍，15 ~ 20 天更换 1 次为宜。

四、水培花卉器皿的选择

除金属之外的任何无底孔、不漏水的容器都可以使用。但为了便于观赏根的生长变化及形态的自然美，一般采用透明的容器。常用的水培器皿有以下几种类型：

A. 玻璃器皿：包括玻璃花瓶、玻璃酒杯、玻璃茶杯、鱼缸、高脚杯、实验室使用的三角瓶、烧杯等。这些器皿造型精美、种类繁多、透明度高，是最理想的水培容器。

B. 塑料包装物：饮料瓶、矿泉水瓶、食品及保健品包装容器。这些器皿造型各异、种类繁多，还可通过剪裁造型后变废为宝，也是理想的水培容器。

C. 陶罐、瓷瓶、竹木筒等：这些器皿造型独特、线条流畅，富含古朴、典雅的神韵。

五、水培花卉的选购

购买水培花卉时，首先要注意花卉植株是否已适应水培条件。如果植株生长健壮，叶片饱满富有光泽，根部或茎基部已发出适应水培条件的水生根，水生根一般要比土生根粗壮白嫩，则说明该花卉已经过水培并具备水培条件。如果植株萎靡不振，叶片柔弱下垂而无光泽，根部尚无粗壮白嫩的水生根，说明此花卉水培不久，尚未具备适立水培环境的条件，若购回栽养，往往会造成水培的失败。其次，要选择无病虫危害的植株，这样有利于水培后正常生长和达到应有的观赏效果。

第三节　水培花卉栽培技艺

一、水培花卉的用水和换水

1. 花卉用水

A. 水源：水培花卉的用水可以选择纯净水和自来水。用纯净水配置的营养液，透明度好，没有污染，无机营养元素稳定，是最理想的营养液。也可使用符合标准的自来水配置营养液，自来水经过过滤、消毒，杂质、病菌、寄生虫较少，取之方便，也是水培花卉的较适宜用水。

使用自来水需注意提前用水桶晾置 1 天再用来养护花卉。河水、湖水、池塘水、井水存在不同程度的污染，不能用作水培花卉营养液的水源。

B. 水深：水不宜太多，需要保留一定的根在空气中（以根长的70%在水中为宜）。定植的时候注意保护好根系，尽量把根理顺。

C. 混养：如果和鱼混养，要注意经常换水，同时将营养液的浓度降低。还要注意给鱼喂料。

D. 清水养植：水培花卉通常在两种情况下只能以清水莳养，一是水培开始植株尚未长出水生根时，每2天左右换1次清水，换水时注意用水冲洗花卉的根部，并及时剪除烂根和黄叶；二是气温高于35℃的夏季和气温低于10℃的冬季，多数花卉处于休眠和半休眠状态，此时常停止使用营养液，只用自来水莳养，并按时换水。换水时要注意清洗根部和保持器皿的清洁，及时去除烂根和器壁上的青苔。

2. 定期换水

定期换水是花卉水培成功的关键。花卉水培时，营养液中除一部分矿物质元素被花卉吸收外，其余的都残留在水里。当残留的物质累积到一定程度时就会对花卉的生长产生危害。水中的氧气含量会随着花卉的生长而日渐减少，当减少至一定数量时，会对花卉的生长产生影响。

用自来水更换时应注意，水温低于室内温度的时候，要将自来水放置一段时间再用，以保持根系温度平稳。

水培花卉的换水时间间隔与下列因素有关：

A. 与气温有关：气温的高低与水中的溶氧量呈反比例关系，即气温高，水温也高，水中的溶氧量也越少；反之，气温低，水温也低，水中的溶氧量则越多。

花卉对水中溶氧量的消耗与温度呈正比例的关系，如气温高，相应水温也高，植物的呼吸作用便越旺盛，消耗水中的溶氧量也越多，微生物繁殖迅速，容易引起水的变质。所以，在气温高时应勤换水；在气温低时，换水的时间间隔则可长些。

B. 与花卉植株的长势有关：花卉植株健壮，生长旺盛时，换水的间隔时间可长些；花卉植株生长不良，换水则宜勤。若在高温或因施肥过浓而使植株产生烂根时，除了必须剪除其烂根外，还应每天换水，直至植株恢复正常生长而萌发新根后，方可转入正常的养护。

C. 与植物种类有关：有些花卉比较适宜水培的条件，也有一些花卉的根系比较特殊，如棕竹、凤梨的根系比较坚硬，不容易腐烂，这些水培花卉的换水间隔时间可适当长些。对于不十分适应水培条件的花卉种类，则应增加换水次数。

3. 换水的方法

A. 换水时要细心地用清水冲洗花卉的根部，尽量不要用手摩擦细根，因为这些细小的根比较柔嫩，容易受伤，而受到损伤后易感染病菌。在清洗后可用手轻触根部，检查是否还存在黏液。

B. 换水时还应清理颜色变深老化的根和烂根，摘除植株上出现的黄叶。

C. 放置在光照比较充足处的水培花卉，器皿上容易生长藻类，既影响花卉根系的生长和观赏，又影响器皿的透明度，应在换水时将其洗刷干净。

D. 清理完花卉和器皿上的污垢后，就可以加入新鲜的水了。注意在换水或加水时，千万不可将水注得太满，而要让一部分根露出水面，以便让露出水面的根系吸收空气中的氧气。

二、水培花卉的根外施肥

根外施肥就是将可溶性肥料配成稀溶液，用喷雾器施于叶面上的一种施肥方法。其优点是肥料能被植物直接吸收，见效快，肥效高。

三、水培花卉施肥的三原则

1. 根据花卉适应性

不同的花卉，对肥料浓度的适应性是不一样的。一般来说，根系纤细的花卉种类，如彩叶草、鸭跖草、秋海棠等，其耐肥的能力较差，施肥时以淡为宜；而迷你龟背竹、合果芋等花卉则较耐肥，施肥时可稍浓些；一些花卉对肥料的适应性较强，比如合果芋，即使两年不加任何肥料，仅用自来水培养，除叶型稍变小、叶质稍变薄外，其生长仍属正常。

2. 根据花卉生长期

不同的花卉及不同的生长期，对肥料的种类和要求也是不相同的。如叶面具彩色条斑的花卉种类，应适当多施磷钾肥，这样可以使色彩更加鲜丽，在生长期不能过多地施用氮肥，否则会使叶面的斑纹变淡消失。

3. 根据花卉生长势

花卉生长势的强弱，也是决定施肥次数及数量多少的一个重要前提。一般来说，生长势强的植株耐肥性强，施肥可浓些。但室内水培的花卉，常常会由于光照不足而长得清瘦，因此对肥料浓度的适应也随之降低，此时应停止施肥或降低施肥的浓度。因其它原因导致植株生长不良的，也应停止或降低施肥浓度。

4. 水培花卉施肥的最佳时间

A. 春、秋季节：宜在生长旺盛的春、秋季进行施肥。

B. 夏季：夏季高温时，花卉对肥料的适应性降低，加上很多怕热的花卉在高温时进入半休眠的状态，因此这时也应停止施肥，以免对植株产生伤害。

C. 冬季：冬季除四季海棠、兜兰、马蹄莲等花卉尚处于生长时期需施肥外，大多数花卉已进入休眠期，其生理活动十分微弱，所以一般不需要施肥。

四、水培花卉的修剪

1. 枝条修剪

水培花卉相对土培花卉来说植株发育缓慢，长势较弱。为了保持植株冠型均衡、匀称，姿态优美自然，要进行适当的修剪。一般不作过多的修剪，只对过密的枝叶、徒长枝，以及超长下垂的枝条作简单的梳理短截，或以摘心的技术控制其长势，促生分枝，使株形更为饱满。

2. 根系修剪

为了提高观赏效果，对过密、过长的根也应该适时修剪，一般保留 20～30cm 长度；对延长部分全部剪掉，促生侧根，有利于对水分、养分、氧气的吸收（对新生根系不可修剪）。而根系稀疏、欠壮的花卉如兜兰、凤梨等，则不宜对根系作修剪。

五、水培花卉病虫害防治

水培花卉虽无土壤病虫的侵染，但空气中的真菌、细菌、病毒仍可侵染花卉的枝叶，使其受到不同程度的病变；由土培改为水培的花卉，有时会存有真菌、病菌、虫卵、幼虫等。水培花卉由于摆放环境的特殊性，一旦发生病虫害，不宜使用化学农药杀虫及大剂量的杀菌剂灭菌，喷施后会对环境造成一定的污染，对人体亦有害。

对水培花卉病虫害应以预防为主。在选择花卉水培时，尽量挑选生长健壮，长势旺盛，无病虫害的植株。在莳养过程中发现虫害尽量用人工捕捉，对受侵染的枝、叶及早清除。

（1）蚜虫：可将有虫植株自水中取出，置于自来水龙头下，用水冲淋将蚜虫除净，冲淋后应仔细检查，不留后患，不然在短时之内仍会大量繁殖。也可用1:4的啤酒与水的混合液喷洒叶面，每天1次，连续喷洒4~5次，即可杀灭危害花卉的蚜虫和介壳虫，但注意不要将啤酒液喷入营养液中。

（2）侵染性病害：水培花卉发生侵染性病害不多见，只有在少数叶片上有褐色病变，是细菌或真菌侵染形成，发现后可用消毒酒精（75%）涂擦病变部位，或将整张叶片摘除烧毁，勿使其蔓延。

（3）非侵染性病害：老叶发黄脱落、叶缘似烧伤状褐色坏死及叶尖焦枯，大多为非侵染性病害所致。非侵染性病害不是由病原物侵染引起的，受病花卉只表现病状而无病症，它是由不适宜的环境引起的。高温、严寒、干燥、灼伤等不良环境的影响，以及营养液浓度过高都会使水培花卉致病。此时只要改善水培花卉的环境，非侵染性病害一般不会发生。

第四节　水培花卉与环境影响

一、与温度的关系

水培花卉只是改变了花卉的栽培方式，并没有改变它的生长习性。

(1)低温：大多数观叶植物生长适温为 18～25℃。气温降至10℃以下，有些花卉生长停滞，叶色失去光泽；低于5℃，高于35℃，会受到不同程度的伤害，如叶边焦枯、老叶发黄、萎蔫脱落等。

(2)高温：竹节海棠、四季秋海棠等对高温耐性差，30℃以上容易烂根。

二、与光照的关系

水培花卉的选材大多为喜半阴的观叶植物和不耐强光直射的花叶兼赏植物。这类花卉的共同特点是，生长期不需较强的直射光，有些花卉品种在较荫蔽的条件下反而生长良好，如合果芋、绿萝、龟背竹等。由于室内外的光照有较大差异，特别是在夏季室内光照仅为室外光照强度的 1/3 左右，比较适合大多数水培花卉的生长发育。

光线若过于荫蔽，使植物光合作用受到抑制，表现为枝叶嫩绿，茎节拉长，且不能积累足够的有机物质，造成生长不良，甚至叶片脱落；观叶花卉在过于荫蔽的环境下会失去叶面的色彩，变得暗淡无光。如彩叶草、变叶木等花卉，在缺少一定光照条件时便失去叶色的光华。花叶观赏类花卉缺乏足够的光照难以形成花芽，应将这类花卉摆放在具有明亮的光照，又不被强光直射的环境中为宜。必要时给予灯光补充，保持其叶色的光彩绚丽，促使花芽形成。

光照过强同样会使具有彩纹和斑块的叶面失去光彩，褪为绿色，过强的直射光还会使叶缘、叶尖焦枯，甚至产生灼伤，应采取遮阴措施，一般遮光 50% 为宜。

植物生长有趋光性，为防止其偏向一侧生长，水培花卉的朝向应定期转动，这项工作可以结合更换水培营养液、清洗器皿一并完成。将清洗过的花卉与原朝向转动180°摆放，保持植物始终向上伸展。

三、与空气的关系

1. 湿度

观叶类花卉的原产地大多是温暖而湿润的环境，这类花卉用水培栽植也需要造就一个较为湿润的环境。在空气相对湿度60%的环境中，一般性花卉能正常生长。但是，对于要求相对湿度更高，需要达到70%~80%才能正常生长的观叶花卉，需要人为地创造有利于它生长发育的条件。简单的方法是用小型喷雾器向叶面和植株周围喷雾，增加环境湿度。对叶片坚挺有蜡膜的花卉，如君子兰、龟背竹等，用湿毛巾揩抹叶面，既可增加湿度又能清除叶面的灰尘。较大型水培花卉，可在其旁边放置一个盛水的浅盆，以增加小环境的空气相对湿度。

2. 通风

水培花卉要有良好的通风环境，才能正常地生长。水培花卉摆设在居室内，若门窗紧闭，空气混浊，对其生长发育是不利的，因为得不到所需要的光照和新鲜的空气，溶解氧含量不断降低，长势会越来越差，叶片逐步发黄脱落，新枝瘦弱干瘪，直至枯死。因此摆设水培花卉的地方应该定时开启门窗，让空气形成对流，使外界的新鲜空气进入室内。

第五节　水培花卉日常养护要点

一、营养供应

尽量选用水培花卉专用肥，并严格按照使用说明书施用，严防施用过多、浓度过大造成肥害。根据换水的次数，一般每换一次水都要加一次营养液，以补充换水时造成的营养流失。

在花卉营养供应中还应注意以下两点：

1. 根据不同花卉种类合理添加

不同的花卉种类对营养的适应能力不一样。一般情况下，根系纤细的花卉种类，如彩叶草、秋海棠等耐肥性差一点，不需要大量的肥料和较高的浓度。因此，对其供应营养时就应掌握淡、少、稀的原则。而合果芋、红宝石、喜林芋等花卉品种则比较耐肥，可掌握少施、勤施的原则。另外，观叶的花卉，营养应以氮为主，辅以磷、钾，以保证叶子肥厚，叶面光滑，叶色纯正。但必须注意对叶面具有彩色条纹或斑块的花卉种类，要适当地少施些氮，因为当氮过多时会使叶面色彩变淡，甚至消失，应适当地增施磷、钾肥。

2. 根据季节和气温合理添加

一般在夏季高温时，花卉对营养液浓度的适应性降低，所以此时应降低施加的浓度，特别是一些害怕炎热酷暑的花卉，在高温季节即进入休眠状态，花卉体内的生理活动变慢，生长也处于半停止和停止状态。对于此类花卉，此时应停止添加营养液，以免造成肥害。

二、换水洗根

一般换水时间以5~7天为宜，但也应该视季节变化以及植物的不同情况而定。刚刚水培的花卉，要求1~2天换水1次。夏季植物生长旺盛，温度高，水易变质，换水间隔时间应缩短。冬季植株大多处于半休眠或休眠状态，温度较低，换水间隔时间可长些。总体来说，换水时间间隔短些，对植物生长有利。

在水培花卉时，根系不应全部浸入水中。给容器加水时不应加得太多，而应将少量根系露在空气中，这样根系既可在水中吸收溶解氧，也可从空气中吸收氧气。

在换水时，应对根系进行清洗，可用清水冲掉根系上的黏液，并将部分腐烂根及已丧失吸收能力的老根剪除。容器使用一段时间后，器壁会黏附一些沉淀物，而且也易着生青苔，换水时也应清洗干净。

三、喷水洗叶

水培花卉特别是室内的水培观叶植物，大多数喜欢较高的空气湿度，如果室内空气过于干燥，会造成叶片焦尖或焦边，从而影响花卉的观赏价值。因此，平时应经常往植株上喷水，提高空气湿度，以有利花卉正常生长。

四、适当通风

水培花卉的好坏，与水中含氧量有直接关系，而水中含氧量的多少，又与室内人员的活动和通风有关。在室内通风不良而人员又活动频繁时，水中的含氧量迅速减少，会对水培花卉的生长产生影响；而保持室内良好的通风状况，可增加水中的含氧量。因此，对于养有水培花卉的地方，应加强通风，以保持室内空气清新。

五、采光和温度

水培花卉大都是适合于室内栽培的阴性和中性花卉，对光线有各自的要求。阴性花卉如蕨类、兰科、天南星科植物应适度遮阴；中性花卉如龟背竹、鹅掌柴、一品红等对光照强度要求不严格，一般喜欢阳光充足，在遮阴下也能正常生长。

保证花卉正常生长的温度很重要，花卉根系在 15～30℃ 范围内生长良好。

六、及时修剪

对于一些生长茂盛和根系比较发达的水培花卉，当植株的枝干过长影响株形时，应及时修剪，以免影响观赏效果，剪下的枝条还可以插入该花卉的器具中，让其生根成长，使整个植株更加丰满完美。剪根的时间最好在春季花卉开始生长时进行，也可以结合换水，随时剪去多余的、老化的、腐烂的根系，以利正常生长。

七、保持清洁

水培花卉是无机营养，最忌有机物进入水中，更不能用有机肥料。因此经常保持水培花卉的清洁卫生，是确保其良好生长的关键措施。所以平时不要向水培花卉中投放食物及有机肥料，也不能随意将手探入水中，以保证所用水不变质，不污染，使其清洁卫生，保证花卉生长。

第六节　水培花卉摆放及常见问题的解决

一、居室内水培花卉的摆放

水培花卉多为绿色观叶植物，白天进行光合作用吸收二氧化碳，排放氧气，有净化空气的功效，对人体是有益的。但是，到了夜间却吸收氧气，排出二氧化碳，空气中二氧化碳超量对人体是有害的，会使人感到乏力，意识迟钝。居室面积不大，适当摆设几株水培花卉是有益的，若摆放得太多，造成夜间花卉与人争氧，可能出现缺氧症状。以房间的面积来计算，每 $10m^2$ 面积栽种一两株花卉较适宜。以此标准折算，$50 \sim 60m^2$ 面积的居室，摆放十余株大小不等的水培花卉，既能满足观赏，又不致夜间与人争夺氧气的现象发生。

从生态观点考虑，不妨在水培花卉的搭配上选择几株仙人掌科、景天科、龙舌兰科、龙血树科的植物，如仙人球、虎尾兰、落地生根等，这些植物夜间气孔开启，许多蒸腾发生于夜间，排放氧气，吸收二氧化碳，能对居室的空气起到净化作用。

二、如何清除积累的无机盐

水培花卉在根茎部位有时附着一层白色粉状污垢，器皿内壁沿水际的地方也会附着较坚实的灰白色结垢。这是由于更换水培营养液时间间隔过长，对器皿及花卉的根系清洗不彻底，而形成的无机盐的积累。水培营养液经过离子交换，花卉的根系有选择地吸收所需的无机元素，剩余的元素仍游离于水中，植物的代谢作用又将废弃物排泄到营养液里，使溶液失去离子平衡和酸碱平衡，这不利于花卉对养分的吸收。无机盐的积累会对花卉根系产生"烧伤"，应该随时清除。先用清水反复冲洗后，再用钝口的竹片刮去根际的附着物。器皿内壁上不易除掉的结垢，可用棉球蘸一些食醋擦抹几次，再用清水冲洗即能除掉。

三、如何处理器皿及根系上滋生的藻类

营养液滋生藻类在水培花卉栽培过程中是普遍存在的现象。特别是在夏季，气温高，光照强，使用的器皿透明度好，或者是长时间没有更换营养液，都会引发藻类大量滋生。藻类大量地繁衍会与花卉争夺有限的氧气，消耗养分，其分泌物对溶液形成污染，使营养液品质下降。附着在根系上的藻类妨碍植物的呼吸，干扰其正常的生理活动，对水培花卉危害极大。

水培营养液一旦被藻类污染，应果断地更换，倒掉被污染的溶液，彻底清洗器皿，清除附着于根系上的藻类，重新配制营养液。藻类的繁衍需依赖较好的光照。使用黑色的挡板或旧报纸遮住水培花卉器皿的方法，避免强光照射，可杜绝或减少藻类的滋生。

四、如何提高水溶液中的含氧量

水培花卉长势的好坏，与水中的含氧量有着十分密切的关系。提高水中的含氧量，除经常换水外，加强居室的通风也是十分重要的一个方面。因为加强通风后，空气中的氧气能够不断地补给到水中，从而增加了水中的含氧量。此外，空气中的氧气含量与室内人员的活动也有关。一般在居室通风不良而人员活动频繁的地方，水中的含氧量减少较快，从而会影响水培花卉的生长，特别在高温时，影响尤其明显。因此，对于摆放有水培花卉的居室，平时应多开门窗通风，以调节室温和保持室内空气的新鲜。在花卉过冬时，要注意保持适宜的温度，避免因通风而使花卉受到冷风的直接侵袭，导致寒害或冻害。

五、脱节的水培花卉的弥补方法

由于养护不当或病虫害侵染都会造成水培花卉大量落叶，落叶一般由底部老叶开始，形成脱节，使观赏效果受到影响。采用以下两种方法可弥补脱节所形成的缺憾。

1. 更新植株

对植株较长，上部叶片完好，只是下部叶片枯萎脱落的植株，视枝条长度在其茎下 1cm 处剪取上端枝叶完整的枝条，用水插法栽培，经过一段时间的养护管理后便可长出新根，成为独立的植株。植株下端只要不腐烂，茎节部位也能萌发新芽。富贵竹、绿萝、落地生根等花卉发生脱节时，用这种方法都能获得新生。

2. 重组

挑选高矮适中的相同或不同品种的花卉集栽到同一具器皿里，用枝叶适度填补脱节部位的空间，形成错落有致的布局，可给人以层次分明、丰富饱满的感觉。

六、水培花卉烂根的处理方法

水培花卉根部腐烂常发生在炎热的夏季及洗根后水培不久的花卉。一是夏季随着气温不断升高，水温也会上升，微生物繁殖加快，溶解氧降低，水质恶化；二是不恰当地添加水培营养液，使溶液浓度过高；洗根后对水培环境尚未适应的花卉，都可能造成根系的腐烂。尤以朱蕉和巴西木为重。

对烂根的花卉采用以下方法能使其恢复长势：

（1）把腐烂的根系全部清除，根部已受侵染也要用利刀切除被侵染部分。

（2）修剪过的花卉浸入 0.05% ~ 0.1% 的高锰酸钾溶液浸泡 10 ~ 20 分钟杀菌。

（3）取出浸泡的花卉，在流动水中清洗。

（4）把清洗后的花卉放入原器皿用清水培养（器皿应洗净）。

（5）1 ~ 2 天换 1 次水，只换清水不施水培营养液。若水质清澈，可以减少换水次数。养护 10 ~ 15 天就能有新根萌生。

（6）初萌生的新根仍以清水培养，待气温稳定在 18 ~ 25℃，用水培营养液栽培。

七、花卉叶面边缘变黄如何处理

1. 原因

A. 营养液配比不当，浓度过高。

B. 室内光线过暗。

C. 容器内水位过高。

D. 花卉有病虫害发生。

2. 预防方法

A. 先换成清水或在浓度很低的营养液中培养 2 ~ 3 天，然后更换成按正常比例重新配制的营养液。

B. 放置于窗口旁边散射光充足之处补光，如阴生植物每周应放置于窗口旁边散射光充足之处 1 ~ 2 天人工补光即可，如是红掌类半阴生植物则必须放置于窗口旁边散射光充足之处。

C. 倒掉多余的水，将水位保持在正确水位即可。

D. 观看植株叶面和背面是否有不正常的斑点或其它异常，然后对症下药喷洒药水，直到消除病虫害（此间注意要与其它植物隔离以免传染）。

第七节　草本水培花卉

一、白鹤芋

别称：一帆风顺、白掌。

科属：天南星科苞叶芋属。

分布：原产哥伦比亚。

形态特征：多年生常绿草本。具短茎；叶革质，长椭圆形或阔披针形，端长尖，叶面深绿色有丝光，中部稍浅；佛焰苞白色，多花性；水生根洁白纤细。

习性：喜半阴温热环境，能耐低光照。

繁殖方法：分株繁殖。

水培方法：用洗根法改土培为水培。

（1）选一株株形美观且开花的白鹤芋，轻轻拍打盆的四周，脱去花盆。

（2）将泥土去掉，在水中泡洗，避免损失根系。

（3）修剪黄叶和残根。

（4）将根系用 0.1% 的高锰酸钾溶液浸泡 15 分钟进行消毒处理。

（5）用带有喷头的水龙头冲洗根系。

（6）选择适宜的水培玻璃容器并清洗干净。

（7）将处理好的白鹤芋放入容器中，加入清水至根系的 2/3 处。

（8）用喷壶给叶面洒水。

养护管理：

（1）刚开始水培时每 1~2 天换 1 次水，其根系能很快适应水培环境，一般不会出现烂根现象。

（2）1 周左右即可长出新根，以后可适当减少换水次数。当植株出现较强的生长势时，加入观赏植物营养液进行培养，每 2 周左右更换 1 次营养液。

（3）放置于较强的散射光下进行养护，夏季应避免强光直射，但也不能长期荫蔽，否则难以形成花芽。

（4）要求保持较好的空气湿度，空气干燥时要经常向叶面喷水。

（5）冬季温度宜保持在 15℃ 以上，低于 10℃ 时叶片会呈焦黄甚至脱落。

二、红掌

别称：花烛、安祖花、火鹤花。

科属：天南星科花烛属。

分布：原产南美洲热带雨林中。

形态特征：多年生常绿草本。叶革质，披针形，长 15~30cm，宽 6cm，暗绿色；佛焰苞卵圆形，长 5~20cm，宽 5~10cm，火焰红色，肉穗花序圆柱形、螺旋状；条件适宜下可周年开花。

习性：喜高温、潮湿和半阴环境。生长适温为 25~30℃，不耐寒，13℃ 以下就会出现冻害；不能干燥，要求空气相对湿度为 70%~80%；忌阳光直射。

繁殖方法：分株繁殖。

水培方法：用洗根法改土培为水培。

(1)选一株株形美观且开花的红掌，轻轻拍打盆的四周，脱去花盆。

(2)将泥土去掉，在水中泡洗，避免损失根系。

(3)修剪黄叶和残根。

(4)将根系用0.1%的高锰酸钾溶液浸泡15分钟进行消毒处理。

(5)用带有喷头的水龙头冲洗根系。

(6)选择适宜的水培玻璃容器并清洗干净。

(7)将处理好的红掌放入容器中，加入清水至根系的2/3处。

养护管理：

(1)一次很难清洗干净根毛上的基质残渣，在以后日常养护中逐步清洗，但不可强行洗刷而损失根系。

(2)对根系一般不做修剪，可根据水培情况修剪稍长的根系。

(3)注意向叶面喷水保持潮湿环境；花后修剪残花，喷施叶面肥，以促进红掌旺盛生长。

(4)红掌要求平稳的水温，更换营养液时水温温差不宜过大。

三、春羽

科属：天南星科喜林芋属。

分布：原产美洲热带雨林。

形态特征：多年生常绿草本。茎半木质化，较短；叶片从茎的顶端向四方扩散，宽心脏形，羽状深裂，叶柄粗壮、较长。

习性：喜高温、湿润和半阴环境，忌强光直射。生长适温为18~25℃，耐寒能力较强，越冬温度在5℃以上。

繁殖方法：分株繁殖。

水培方法：春羽的气生根能吸收空气中的水分和养分，所以植株能很快适应水培养植，因此可截取植株顶梢，将气生根整理后直接进行水培。还可以用洗根法改土培为水培。

(1)选一株株形美观的小型春羽，轻轻拍打盆的四周，脱去花盆。

(2)将泥土去掉，在水中泡洗，避免损失根系。

(3)修剪黄叶和残根，保护好气生根，然后把气生根和土生根一起定植于透明的玻璃容器整合。

(4)加入清水至根系的1/2～2/3处，也可加入基质进行固定。

养护管理：

(1)水培开始每2～3天换1次清水，1周即可长出白嫩的水生根；2周后可置于散射光充足之处，加入观叶植物营养液进行养植。

(2)每2～3周换1次营养液，经常向叶面喷水。当新叶长出时，旋转容器，让新叶叶掌面向光源，可使叶柄向中心和上面发展，从而使株型优美、紧凑。

(3)夏季放置于阴凉通风处，增加叶面喷水次数，并避免强光直射。

(4)冬季放置于室内向阳处，室温保持在5℃以上。

四、旱伞草

别称：水竹、伞莎草、风车草。

科属：莎草科莎草属。

分布：原产非洲。

形态特征：多年生草本。无分枝；叶大而窄，聚生与茎顶，扩散成伞状；花淡紫色，花期7月。

习性：喜高温、潮湿及通风良好的环境，耐阴不耐寒。生长适温为15～20℃，冬季适温为7～12℃。

繁殖方法：播种、扦插、分株繁殖。

水培方法：用洗根法改土培为水培。

(1)选取一株已成型的旱伞草，轻轻拍打盆的四周，脱去花盆。

(2)将泥土去掉，在水中泡洗，避免损失根系。

(3)修剪黄叶和残根，用0.1%的高锰酸钾溶液浸泡根系15分钟进行消毒处理。

(5)用带有喷头的水龙头冲洗根系。

(6)将处理好的植株放入容器中，加入清水至根系的2/3处。

养护管理：

(1)水培开始每3~4天换1次清水，1周即可长出水生根；2周后可置于阳光充足且通风良好之处，加入复合营养液进行养植。

(2)生长期每2~3周换1次营养液，经常向叶面喷水。

(3)夏季放于阴凉通风处，增加叶面喷水次数，强光直射易灼伤叶片，造成叶尖叶缘枯焦。

(4)冬季放置于室内向阳处，避免冷风直接吹袭。

五、文竹

别称：云片松、刺天冬、云竹。

科属：百合科天门冬属。

分布：原产南非。

形态特征：多年生常绿植物。茎细长、有节，根稍肉质；叶状枝纤细；花小、白色，花期2~3月。

习性：喜高温、湿润和半阴环境，喜光照但忌强光直射。生长适温为15~25℃，冬季气温不得低于5℃。

繁殖方法：播种、分株繁殖。

水培方法：用洗根法改土培为水培。

(1)选一株株形优美的文竹，轻拍花盆的底部，脱去花盆。

(2)将泥土去掉，在水中泡洗，避免损失根系。

(3)修剪黄叶和残根，用0.1%的高锰酸钾溶液浸泡根系15分钟进行消毒处理。

(4)用带有喷头的水龙头冲洗根系。

(5)选择适宜的水培玻璃容器并清洗干净。

(6)用定植篮固定植株时，先用报纸或薄膜包好根系，再慢慢塞入定植篮的孔中，填上鹅卵石。

(7)将文竹放入容器中，加入清水至根系的1/3~2/3处。

养护管理：

(1)水培开始时每2~3天换1次清水，及时清除烂根；2周即可长出水生根，此后5~6天换1次清水。

(2)长势强壮时，用营养液培养，且宜浅不宜深。夏天可每10

天补充 1 次，1~2 个月更换 1 次营养液。

（3）夏季放置于阴凉通风处，避免强光直射。

（4）冬季放置于室内向阳处，避免冷风直接吹袭。

六、秋海棠

别称：相思草、断肠花。

科属：秋海棠科秋海棠属。

分布：中国。

形态特征：多年生草本花卉。茎直立，光滑、肉质，多分枝；叶片宽卵形，顶端渐尖，边缘细波状，叶柄长，叶腋间有珠芽；聚伞花序腋生，淡红色。

习性：喜温暖、湿润和荫蔽的环境，不耐寒。生长适温为 18~20℃，低于 10℃ 则生长缓慢。

繁殖方法：播种和扦插繁殖。

水培方法：用洗根法和水插法进行水培。

洗根法：简便易活，操作如下。

（1）选取株形较好的秋海棠，轻轻拍打盆的四周，脱去花盆。

（2）去掉根部泥土，在水中浸洗，避免损失根系，剪除枯枝、烂根。

（3）将根系用 0.1% 的高锰酸钾溶液浸泡 15 分钟进行消毒处理。

（4）用带有喷头的水龙头冲洗根系。

（5）选择适宜的水培玻璃容器并清洗干净，将植株根系小心地塞入定植篮的孔中，填上鹅卵石。

（6）把处理好的秋海棠放入容器中，加入清水至根系的 2/3 处。

（7）用喷壶给叶面洒水。

水插法：剪取数根生长健壮的枝条，阴干半天后直接插入清水中进行养植，1 周后即可长出水生根。

养护管理：

（1）刚开始水培时每 1~2 天换 1 次清水，约 1 周长出水生根，此后可每周换 1 次水。待植株出现较强长势时，置于阳光充足处，用营养液进行培养，每 2~3 周更换 1 次营养液。

（2）夏季经常向叶面喷水；进行多次摘心促使侧枝萌发；及时剪除残花。

（3）盛夏要避免强光直射；气温达到32℃以上时生长减慢，植株进入半休眠状态，应注意防暑降温。

（4）冬季保持室温15℃以上，并要有较强的散射光照。10℃时生长减缓，5℃时进入休眠，并能安全越冬。

七、海芋

别称：山芋、滴水观音。

科属：天南星科海芋属。

分布：原产亚洲热带地区。

形态特征：多年生草本。茎粗壮；叶阔大、近箭形；肉穗花序芳香，花4～7月；浆果亮红色，短卵状。在温暖潮湿的条件下，常会从叶片尖端或边缘向下滴水，因而称为滴水观音。

习性：喜高温、湿润和半阴环境，不耐寒，忌阳光直射，要求较高的空气湿度。生长适温为25～30℃，冬季气温不得低于5℃。

繁殖方法：分株、扦插繁殖。

水培方法：海芋的水培方法有以下3种。

（1）用洗根法改土培为水培。

（2）自植株基部距离土面约5cm处剪取，进行茎秆扦插。

（3）选取块茎周围萌发的带叶的小植株直接进行水培。

养护管理：

（1）海芋茎秆和根系的组织比较疏松，因此对水质的要求较高，应注意保持水质的清澈、卫生，否则易造成茎秆和根系的腐烂。

（2）夏天增加换水次数，经常喷水，保持空气湿度不低于60%。

（3）冬季每周喷水1次即可。

（4）海芋茎叶中的汁液有毒，养护管理中应注意不可接触皮肤及误入口中。

八、广东万年青

别称：竹节万年青。

科属：天南星科广东万年青属。

分布：原产我国及菲律宾。

形态特征：多年生宿根常绿草本。根状茎较粗短，节处有须根；叶革质，基部丛生，矩圆披针形；穗状花序顶生，花小、密集，花被球状钟形，白绿色，花期6～8月。浆果球形，红色，经冬不落。

习性：喜高温、潮湿的环境，耐湿忌干旱，忌阳光直射，适宜透性好的微酸性土壤。广东万年青怕寒，生长适温为25～30℃，温度低于15℃时则停止生长，冬季气温不得低于10℃。

繁殖方法：扦插、分株繁殖。

水培方法：用洗根法和水插法进行水培。

洗根法：简便易活，操作如下。

(1)选取长势健壮的广东万年青，轻轻拍打盆的四周，脱去花盆。

(2)去掉根部泥土，在水中浸洗，避免损失根系，剪除枯枝、烂根。

(3)将根系用0.1%的高锰酸钾溶液浸泡15分钟进行消毒处理，然后用带有喷头的水龙头冲洗根系。

(4)选择适宜的水培玻璃容器并清洗干净，将植株根系小心地塞入定植篮的孔中，填上鹅卵石。

(5)把处理好的广东万年青放入容器中，加入清水至根系的2/3处。

(6)用喷壶给叶面洒水。

水插法：在春夏季节截取适当长短的上部枝条，清洗掉伤流，直接扦插在清水中，10天左右即可长出水生根。

养护管理：

(1)刚开始水培时每2～3天换1次清水，约10天长出水生根，此后可每周换1次水。待植株出现较强长势时，可用低浓度营养液进行培养，每2～3周更换1次营养液。

(2)夏季要经常向叶面喷水；经常给予充足的散射光照，可使叶片清新、亮丽；每2周叶面喷洒一次0.1%的磷酸二氢钾溶液，可促进植株生长更加旺盛，叶片也更加浓绿光亮。

（3）冬季保持室温10℃以上。

九、水塔花

别称：垂花凤梨。

科属：凤梨科水塔花属。

分布：原产南美非。

形态特征：多年生草本。叶片狭长，质地硬厚，叶缘有齿，内轮叶片无齿；因其叶片从根茎处旋叠状丛生，呈莲花状，下部卷成圆角形，叶筒盛水不漏，故称为"水塔花"；花色丰富，有橙黄、粉红、亮绿、深蓝等色，花期5~7月。

习性：喜温暖和半阴环境，不耐高温及严寒，忌强光直射。

繁殖方法：分株繁殖。

水培方法：用洗根法改土培为水培。

（1）选一株株形优美的水塔花，轻拍花盆的底部，脱去花盆。

（2）将泥土去掉，在水中泡洗，避免损失根系，并用0.1%的高锰酸钾溶液浸泡根系15分钟进行消毒处理。

（3）用带有喷头的水龙头冲洗根系。

（4）选择适宜的水培玻璃容器并清洗干净，将处理好的水塔花放入容器中，加入清水至根系的2/3处。

（5）用喷壶向叶面喷水。

养护管理：

（1）水培开始时3~4天换1次清水，及时清除烂根；2周后可加入观叶植物营养液进行养护，3~4周更换1次营养液。

（2）将水塔花置于半阴环境中，若光线太强叶片会褪色，而光线太弱则叶色全部变绿。

（3）夏季增加喷水次数，忌强光直射；冬季保持湿润环境及气温5℃以上。

十、椒草

别称：圆叶椒草、豆瓣绿。

科属：胡椒科草胡椒属。

分布：原产西印度群岛、巴拿马、南美洲北部。

形态特征：多年生草本。株高 15 ~ 20cm；无主茎；单叶互生，椭圆形或倒卵形，叶端钝圆，叶基渐窄至楔形；叶面光滑有光泽，灰绿色，近肉质，肥厚而硬挺；茎及叶柄均肉质粗圆，叶柄较短，只有 1cm，但容易生根；节间较短，节间处也极易生根；穗状花序灰白色。

习性：喜温暖湿润的半阴环境，不耐高温，要求较高的空气湿度，忌阳光直射；喜疏松肥沃、排水良好的湿润土壤。生长适温 25℃左右，越冬温度不可低于 10℃。

繁殖方法：扦插繁殖。

水培方法：用洗根法进行水培。

(1)选择一株长势健壮的椒草，轻轻拍打盆的四周，脱去花盆。

(2)去掉根部泥土，在水中浸洗，避免损失根系，剪除枯枝、烂根。

(3)用 0.1% 的高锰酸钾溶液浸泡根系 15 分钟进行消毒处理，然后用带有喷头的水龙头冲洗根系。

(4)选择适宜的水培玻璃容器并清洗干净，把处理好的椒草放入容器中，加入清水至根系的 2/3 处。

养护管理：

(1. 刚开始水培时每 3 ~ 4 天换 1 次清水，约 1 周长出水生根，2 周后置于阳光充足处，用观叶植物营养液进行培养，每 3 ~ 4 周更换 1 次营养液。

(2)椒草喜高温、湿润的半阴环境，要经常向叶面喷水，保持较高的空气湿度。

(3)盛夏要避免强光直射，增加喷水次数。

(4)冬季置于室内向阳处，保持温度 10℃以上。

第八节　木本水培花卉

一、巴西木

别称：巴西铁树、香千年木。

科属：百合科龙血树属。

分布：原产美洲的加拿利群岛和非洲的几内亚等地。

形态特征：常绿小乔木。茎干挺拔；叶簇生于茎顶，长40~90cm，宽6~10cm，尖稍钝，弯曲成弓形，有亮黄色或乳白色的条纹；叶缘鲜绿色具有波浪状起伏，有光泽。

习性：喜温暖、湿润和半阴环境。生长适温为18~24℃，13℃进入休眠，5℃以下易受冻害；较喜光，也耐阴，忌阳光直射。

繁殖方法：扦插繁殖。

水培方法：

(1)选取生长健壮的小型土培植株用洗根法进行水培养植，在容器中加入陶粒，2周后可长出白嫩的水生根。

(2)也可在5~9月间选取带叶的顶梢直接水插养植，20天左右即可长出新根。

养护管理：

(1)刚开始水培时每2~3天换1次水，以后逐渐减少换水次数。

(2)当植株出现较强的生长势时，移至散射光充足的地方，加入观叶植物营养液进行培养，每2~3周更换一次营养液。

(3)花叶品种应经常向叶面喷施0.1%的磷酸二氢钾稀溶液，否则斑纹会逐渐褪淡，降低其观赏性。

(4)要求保持较高的空气湿度，空气干燥时要经常向叶面喷水，防止叶尖、叶缘枯焦。

(5)生长旺季可适当进行修剪，以控制植株高度并造型；及时剪去叶丛下部老化枯萎的叶片。

(6)夏季增加叶面喷水次数，防止强光直射。

(7)冬季可接受阳光直射，温度不低于18℃可继续生长，低于

13℃时进入休眠状态，低于5℃时会出现老叶叶尖干枯、叶芽心部发黑并逐渐腐烂的冻害现象。

二、袖珍椰子

别称：书桌椰子。

科属：棕榈科棕竹属。

分布：原产美洲中部地区。

形态特征：小型常绿矮灌木。株型矮小，一般为 50～200cm；茎干较短；茎尖先端抽生长长的叶柄，羽状小叶，分两边对称排列；叶片基部钝尖形，先端急尖形，颜色鲜绿有光泽；每个叶柄着生数十片小叶，小叶革质线形；花朵单生，雌雄异株，花后坐果，成熟的果实为棕褐色，可作为种子进行有性繁殖。

习性：喜湿润和通风良好的环境。生长适温为 20～30℃，越冬温度不能低于5℃；耐荫性强，忌阳光直射、干风吹袭和霜冻。

繁殖方法：分株繁殖。

水培方法：用洗根法改土培为水培。

(1)选取株高为 30～50cm 且生长健壮的袖珍椰子，轻轻拍打盆的四周，脱去花盆。

(2)去掉根部泥土，在水中泡洗，避免损失根系。

(3)去除基部枯黄老叶，剪去残根，但不可损伤老根。株丛不宜太大，以 1～3 茎为宜。

(4)用 0.1% 的高锰酸钾溶液浸泡根系 10 分钟进行消毒处理。

(5)用带有喷头的水龙头冲洗根系。

(6)选择适宜的水培玻璃容器并清洗干净，放入处理好的植株。

(7)加入清水至根茎下部；新根萌发较慢，但老根能较快适应水培环境，不易腐烂和发臭，每天向叶面喷水 1～2 次。

养护管理：

(1)刚开始水培时放置阴暗处，每 2～3 天换一次清水，约 1 个月可萌发新根。新根长出后可加入观叶植物营养液进行培养，每 2 周更换一次营养液。

(2)袖珍椰子喜好较荫蔽的环境，不宜置于南窗口，只要光线稍明即可。光照直射时叶片会逐渐变成黄绿色，失去光泽，过多的强光还可产生焦叶及黑斑。

（3）空气干燥时要经常向叶面喷水，以利于其生长和保持叶面深绿且有光泽。

（4）盛夏高温季节要保持室内良好的通风，并及时补充水分。

（5）冬季减少叶面喷水，保持室温10℃以上，才可安全越冬。

（6）注意随时剪除枯叶和断叶，以保持观赏效果。

三、发财树

别称：巴拉巴栗、翡翠木。

科属：木棉科瓜栗属。

分布：原产热带美洲、墨西哥等地。

形态特征：常绿乔木。树干挺拔，树皮青翠。上细下粗，基部肥大；叶掌状，小叶7~11片，近无柄，长圆至倒卵圆形；花白色、粉红色，花期6月。

习性：喜温暖湿润环境，喜光、耐阴、耐寒、抗热。

繁殖方法：播种繁殖。

水培方法：用洗根法改土培为水培。

（1）选取一株生长健壮的发财树，轻轻拍打盆的四周，脱去花盆。

（2）去掉根部泥土，在水中泡洗，避免损失根系。

（3）去除黄叶、残根，用0.1%的高锰酸钾溶液浸泡根系15分钟进行消毒处理。

（4）用带有喷头的水龙头冲洗根系。

（5）选择适宜的水培玻璃容器并清洗干净，放入处理好的植株，加清水至根系的2/3处。

（6）向植株叶面喷水。

养护管理：

（1）刚开始水培时每1~2天换1次清水，约1周后长出水生根，可适当减少换水次数。植株出现较强长势后可加入观叶植物营养液进行培养，每2周更换一次营养液。

（2）空气干燥时要经常向叶面喷水，保持较高的空气湿度。

（3）盛夏要避免强光直射，但也不能长期荫蔽。冬季置于室内向阳处，保持温度15℃以上，若低于10℃则易造成叶片脱落或焦黄。

四、香龙血树

别称：巴西千年木。

科属：百合科龙血树属。

分布：原产非洲西部。

形态特征：茎干直立，不分枝或少分枝；叶带状，密生茎干上端，革质、浓绿。

习性：耐阴，对光线适应性强，耐强光；喜肥沃、疏松和排水良好的砂质壤土；喜湿、怕涝，叶生长旺盛期，保持盆土湿润，空气湿度在70%～80%为宜；生长适温为20～30℃，不耐低温，低于5℃时叶片容易受伤。

繁殖方法：扦插、压条繁殖。

水培方法：用洗根法改土培为水培。

（1）选取一株生长健壮、叶片浓绿的香龙血树，轻轻拍打盆的四周，脱去花盆。

（2）去掉根部泥土，在水中泡洗，避免损失根系，修剪部分老根。

（3）将根系用0.1%的高锰酸钾溶液浸泡15分钟进行消毒处理后，用带有喷头的水龙头冲洗根系。

（4）选择适宜的水培玻璃容器并清洗干净，将处理好的香龙血树小心地塞入定植篮的孔中，填上鹅卵石，加水深度以植株根系接触水面为宜。

（5）向植株叶面喷水。

养护管理：

（1）刚开始水培时每1～2天换1次清水，出水生根后可适当减少换水次数。植株出现较强长势后可加入观叶植物营养液进行培养，每2周更换一次营养液。

（2）空气干燥时要经常向叶面喷水，保持较大的空气湿度。

（3）如果容器中养鱼，宜在春秋两季，并要增加换水次数。

五、酒瓶兰

别称：象脚树。

科属：百合科酒瓶兰属。

分布：原产墨西哥北部干燥热带地区。

形态特征：常绿小乔木。茎干直立，具有厚木栓层的树皮，呈灰白色或褐色，下部膨大如酒瓶；叶细长线状，着生于茎干顶端，革质而下垂，叶缘具细锯齿；花白色。

习性：喜温暖、湿润和光照充足的环境；耐阴、耐干燥，喜多肥；生长适温为 $16 \sim 26℃$，$0℃$ 以上能安全越冬。

繁殖方法：播种繁殖。

水培方法：用洗根法改土培为水培。

（1）选取一株生长健壮、姿态优美的小型酒瓶兰，轻轻拍打盆的四周，脱去花盆。

（2）去掉根部泥土，在水中泡洗，避免损失根系，修剪部分老根及干枯叶片。

（3）用 $0.05\% \sim 0.1\%$ 的高锰酸钾溶液浸泡根系10分钟进行消毒处理后，将根系冲洗干净。

（4）选择适宜的水培玻璃容器并清洗干净，放入处理好的酒瓶兰，加水深度至植株根系的 $1/2 \sim 1/3$ 处。

（5. 向植株叶面喷水。

养护管理：

（1）刚开始水培时每 $2 \sim 3$ 天换1次清水，10天左右可长出水生根。植株完全适应水培环境后，可移至光线明亮处，用复合营养液进行培养，每 $2 \sim 3$ 周更换1次营养液。

（2）空气干燥时要经常向叶面喷水，以保持叶片清新亮丽。

（3）定期转动容器，避免株型长偏；及时清除下部的枯黄老叶和干枯的叶尖；如植株过高而影响造型时，要适当截干，让其萌发新芽。

（4）全年保持充足的散射光照；夏季加强通风换气，增加喷水次数，避免强光直射；冬季置于室内向阳处，避免冷风直吹。

第九节　藤本水培花卉

一、绿萝

别称：抽叶藤、黄金葛、魔鬼藤。

科属：天南星科绿萝属。

分布：原产东南亚。

形态特征：多年生常绿略带木质蔓生性攀援植物。茎干肉质，分枝较多，茎干的下端生粗壮的肉质根；茎节间有气生根，藤状茎，节间长，呈攀援性依附在其它物体上生长；叶片广椭圆形或心形，晶莹浓绿，也有黄绿或暗绿色，镶嵌着不规则的金黄色斑点或条纹的品种。

习性：喜温暖、潮湿和散射光照射充足的环境。生长适温为15~25℃，越冬温度不能低于10℃；忌干旱，畏寒冷，耐阴耐湿。

繁殖方法：扦插繁殖。

水培方法：用洗根法和水插法进行水培。

洗根法：简便易活，操作如下。

(1)选取株形较好的绿萝，轻轻拍打盆的四周，脱去花盆。

(2)去掉根部泥土，在水中泡洗，避免损失根系。

(3)将根系用0.1%的高锰酸钾溶液浸泡15分钟进行消毒处理。

(4)用带有喷头的水龙头冲洗根系。

(5)选择适宜的水培玻璃容器并清洗干净，放入处理好的植株。

(6)加入清水至根系的2/3处。

(7)用喷壶给叶面洒水。

水插法：剪取数根生长健壮且带有气生根的茎段，直接插入清水中进行养植，气生根能很快适应水培环境。

养护管理：

(1)刚开始水培时每2~3天换1次清水，约1周长出水生根。待植株出现较强长势时，可加入观叶植物营养液进行培养，每2周更换 1 次营养液。

（2）平时要保证有较强的散射光照，并经常向叶面喷水，以使叶面斑块更为鲜艳亮丽；盛夏要避免强光直射。

（3）冬季保持室温 10℃以上，否则易出现黄叶和落叶现象。

（4）绿萝生性强健，分枝多，为保持良好的株形，要短截过长的枝蔓和紊乱的枝条。

二、洋常春藤

别称：西洋常春藤。

科属：五加科常春藤属。

分布：原产欧洲高加索地区。

形态特征：常绿木质藤本。叶阔，三角状卵形，互生，革质；老叶暗绿色，点缀灰白色斑，叶脉略带白色，叶缘镶嵌着不规则的暗黄白色；新叶明亮，点缀淡黄、灰色斑，叶脉白色，叶缘黄白色；新生小叶勺形，光亮翠绿，叶脉亮白色，叶缘黄白色中点缀着淡紫色斑点；小花黄白色，秋季开花。

习性：喜温暖、湿润和半阴环境。生长适温为 15～22℃，较耐寒，一般在 0～5℃间不会受冻；忌高温酷暑，30℃以上就会处于休眠状态；喜较强的散射光照，忌长时间强光直射。

繁殖方法：以扦插为主，也可用压条和分株进行繁殖。

水培方法：用洗根法和水插法进行水培。

洗根法：应避免在夏季高温时进行，以免出现烂根现象，操作如下。

（1）选取株形较好的洋常春藤，轻轻拍打盆的四周，脱去花盆。

（2）去掉根部泥土，在水中泡洗，避免损失根系；修剪黄叶和残根。

（3）用 0.1%的高锰酸钾溶液浸泡根系 15 分钟进行消毒处理。

（4）用带有喷头的水龙头冲洗根系。

（5）选择适宜的水培玻璃容器并清洗干净，放入处理好的植株。

（6）加入清水至根系的 2/3 处。

（7）用喷壶给叶面洒水。

水插法：于春、秋两季剪取半木质化的枝蔓，除去基部叶片，直接插入清水中进行养植，节上的气生根能很快适应水培环境。注意盛夏高温季节因处于休眠状态，故不宜进行水插。

养护管理：

（1）刚开始水培时每 2～3 天换 1 次清水，约 10 天可长出水生根。

（2）待植株出现较强长势时，可加入观叶植物营养液，置于光线明亮的地方进行养护，每 2～3 周更换 1 次营养液。

（3）依造型需要，对枝蔓进行修剪或引领。

（4）盛夏休眠期用清水养植，置于通风凉爽处，并经常向叶面喷水。

（5）冬季置于向阳处以安全越冬。

三、合果芋

别称：箭叶芋、白蝴蝶、紫梗芋。

科属：天南星科合果芋属。

分布：原产美洲热带雨林。

形态特征：多年生常绿草质藤本。根肉质，茎有气生根，蔓性强；叶具长柄，呈三角状盾形，叶脉及其周围呈黄白色；幼嫩的叶片呈宽戟状，成熟的叶片呈 5～9 分裂，叶表绿色，常有白色斑纹；秋季开花。同属的栽培品种还有黄纹合果芋、白丽合果芋等，皆具多变的叶形，色泽清丽，很适合作为室内盆栽观赏。

习性：喜温暖、潮湿、半阴的环境，宜疏松肥沃、排水良好的砂质壤土；忌干旱，畏寒冷，对光照适应性较强，但忌强光直射；生长适温为 20～28℃，越冬温度不能低于 10℃。

繁殖方法：扦插、分株繁殖。

水培方法：用洗根法和水插法进行水培。

洗根法：简便易活，操作如下。

（1）选取株形较好的合果芋，轻轻拍打盆的四周，脱去花盆。

（2）去掉根部泥土，在水中泡洗，避免损失根系，残根和黄叶。

（3）用 0.1% 的高锰酸钾溶液浸泡根系 15 分钟进行消毒处理。

(4)用带有喷头的水龙头冲洗根系。

(5)选择适宜的水培玻璃容器并清洗干净，放入处理好的植株。

(6)加入清水至根系的2/3处。

(7)用喷壶给叶面洒水。

水插法：剪取数枝生长健壮且的枝蔓，去除基部1~2节上的叶片，直接插入清水中进行养植，因其节上有气生根，能很快适应水培环境。

养护管理：

(1)刚开始水培时每3~4天换1次清水，约1周长出水生根。2周后可置于光线明亮处，加入观叶植物营养液进行培养，每3~4周更换1次营养液。

(2)合果芋对光照的适应范围较广，若光照充足，叶片较大，叶色鲜亮；若光照不足，则叶片变小，叶色暗淡，节间变长，而且斑叶品种的色斑不明显。

(3)夏季增加喷水次数，忌强光直射；冬季置于室内向阳处，保持室温10℃以上。

(4)合果芋在水培条件下长势旺盛，生长速度快，为保证观赏效果应经常进行疏剪整形。

四、吊兰

别称：钩兰、吊竹兰、折鹤兰。

科属：百合科吊兰属。

分布：原产非洲南部。

形态特征：多年生常绿草本植物。根状茎短，根稍肥厚；叶剑形，绿色或有黄色条纹，长10~30cm，宽1~2cm，向两端稍变狭；花梗比叶长，有时长可达50cm，常变为匍枝而在近顶部具叶簇或幼小植株；花白色，常2~4朵簇生，排成疏散的总状花序或圆锥花序；花期5月，果期8月。

习性：喜温暖、湿润和半阴的环境；适应性强，较耐旱，但不耐寒，对土壤要求苛刻，一般在排水良好、疏松肥沃的砂质土壤中生长较佳；对光线的要求不严，一般适宜在中等光线条件下生长，亦耐弱光；生长适温为 15～25℃，越冬温度不能低于 5℃。

繁殖方法：播种、扦插、分株繁殖。

水培方法：用洗根法和剪取走茎水插法进行水培。

洗根法：简便易活，操作如下。

（1）选取株形优美的吊兰，轻轻拍打盆的四周，脱去花盆。

（2）去掉根部泥土，在水中泡洗，避免损失根系，并修剪残根和枯叶。

（3）将根系用 0.1% 的高锰酸钾溶液浸泡 15 分钟进行消毒处理。

（4）用带有喷头的水龙头冲洗根系。

（5）选择适宜的水培玻璃容器并清洗干净，放入处理好的吊兰。

（6）加入清水至根系的 1/3 处。

（7）用喷壶给叶面洒水。

水插法：剪取植株走茎上的小植株，直接插入清水中进行养植。

养护管理：

（1）刚开始水培时每 2～3 天换 1 次清水，约 1 周长出水生根。待植株出现较强长势时，可加入观叶植物营养液进行培养，每 2 周更换一次营养液。

（2）盛夏要避免强光直射；冬季保持室温 5℃ 以上，否则易出现黄叶和落叶现象。

五、龟背竹

别称：龟背蕉、蓬莱蕉。

科属：天南星科龟背竹属。

分布：原产墨西哥和中美洲热带雨林。

形态特征：攀援灌木。茎绿色，粗壮，有苍白色的半月形叶迹，节间长 6～7cm，具气生根；叶柄绿色，长达 1m，腹面扁平；叶片大，轮廓心状卵形，宽 40～60cm，厚革质，表面发亮，淡绿色，背面绿白色，边缘羽状分裂，侧脉间有 1～2 个较大的空洞；花序柄长 15～30cm，粗 1～3cm，绿色，粗糙；佛焰苞厚革质，宽卵形，近直立，苍白带黄色；肉穗花序近圆柱形，淡黄色；花期 8～9 月。

习性：喜温暖、潮湿和半阴的环境。生长适温为 20～25℃，

35℃以上及10℃以下停止生长，呈休眠状态；越冬温度不能低于5℃。

繁殖方法：扦插繁殖。

水培方法：用洗根法和水插法进行水培。

洗根法：简便易活，操作如下。

(1)选取生长健壮、株形优美的小型龟背竹，轻轻拍打盆的四周，脱去花盆。

(2)去掉根部泥土，在水中泡洗，避免损失根系。

(3)将根系用0.1%的高锰酸钾溶液浸泡15分钟进行消毒处理。

(4)用带有喷头的水龙头冲洗根系。

(5)选择适宜的水培玻璃容器并清洗干净，放入处理好的植株。

(6)加入清水至根系的2/3处。

(7)用喷壶给叶面洒水。

水插法：剪取数根生长健壮且带有气生根的茎段，直接插入清水中进行养植，气生根能很快适应水培环境。

养护管理：

(1)刚开始水培时每3~4天换1次清水，约1周长出水生根。待水生根长至5cm时，可加入观叶植物营养液进行培养，每2周更换1次营养液。

(2)平时要保证有较强的散射光照，并经常向叶面喷水，以使叶色浓绿有光泽。

(3)盛夏要避免强光直射；冬季保持室温10℃以上则生长良好，而低于5℃就会发生冻害。

第十节　多浆水培花卉

一、虎尾兰

别称：千岁兰、虎皮掌。

科属：龙舌兰科虎尾兰属。

分布：原产非洲西部。

形态特征：多年生肉质草本植物。匍匐状根茎；叶基生，剑形，较厚，直而硬，先端渐尖而形成线状，叶基部半卷，叶面有白绿色和暗绿色相间的横斑纹，稍被薄粉；花绿白色，花莛高 60～80cm，小花 3～8 朵一束，1～3 束簇生于花莛上，花期夏季；浆果球形。

习性：喜阴湿，不耐寒，能耐干旱，对土壤要求不严，但以肥沃、排水良好的砂质壤土为宜。

水培方法：用洗根法改土培为水培。

(1)选一株株形优美的虎尾兰，轻轻拍打盆的四周，脱去花盆。

(2)将根部泥土去掉，在水中泡洗，避免损失根系。

(3)修剪黄叶和残根。

(4)用 0.1% 的高锰酸钾溶液浸泡根系 15 分钟进行消毒处理。

(5)用带有喷头的水龙头冲洗根系。

(6)选择长形的玻璃容器并清洗干净。

(7)将处理好的虎尾兰放入容器中，加入清水至根颈部。

养护管理：

(1)刚开始水培时每 2～3 天换 1 次水，以水面不超过 1/2 根系为宜。

(2)当植株完全适应水培环境时，加入低浓度的观赏植物营养液进行养护，1 个月更换 1 次营养液；夏季高温炎热天气和冬季严寒时，只用清水养植，且换水不宜太勤，2～4 周换水 1 次即可。

(3)夏季应置于阴凉通风处，要经常向叶面喷水，及时清理萎缩的枯叶。

(4)冬季置于向阳处，温度宜保持在 10℃以上，停止叶面喷水。

二、金琥

别称：金桶球、象牙球。

科属：仙人掌科金琥属。

分布：原产墨西哥中部的干旱沙漠及半沙漠地区。

形态特征：多年生肉质草本植物。茎圆球形，单生或丛生，高 100～130cm，直径 80cm；球顶密被金黄色绵毛，有棱，刺座很大，密生硬刺，刺金黄色，后变为褐色，有辐射刺；花生于球顶部绵毛丛中，钟形，黄色，花筒被尖鳞片，花期6~10月。

习性：喜高温、干燥和光照充足的环境。生长适温为20~25℃，不耐寒，越冬温度为8~10℃；忌长时间强光直射。

繁殖方法：以分球、嫁接繁殖为主。

水培方法：用洗根法改土培为水培。

（1）选一株直径10cm的金琥，轻轻拍打盆的四周，脱去花盆。

（2）将根部泥土去掉，在水中泡洗，剪去已经干枯的老根。

（3）选择适宜的玻璃容器并清洗干净，加水至距离瓶口1~2cm的位置。

（4）将金琥直接放置在容器的上口处，固定好。

（5）已经无根的金琥，水面距离球底部2~3cm；有根的可将根系直接泡在水中1/2~2/3的位置，5~7天后即可长出新根。

养护管理：

（1）刚开始水培时每2~3天换1次水，当植株完全适应水培环境时，加入营养液进行养护。

（2）全年均需充足的阳光，但盛夏时要避免强光直射，以防顶部被灼伤。若光照不足，则球体变长，会影响观赏效果。

（3）冬季置于向阳处，温度宜保持在8℃以上，否则球面上会产生黄斑。

三、长寿花

别称：燕子海棠、红落地生根。

科属：景天科长寿花属。

分布：原产非洲。

形态特征：多肉植物。茎直立，株高10~30cm；叶对生、肉质，椭圆状长圆形，深绿色有光泽，叶缘略带红色；圆锥状聚伞花序，花色丰富，有黄、橙、白、绯红等色，花期2~5月。

习性：喜冬暖夏凉的环境，耐半阴，忌酷暑和严寒；生长适温为15~25℃，30℃以上及10℃以下生长停滞，越冬温度不能低于0℃。

繁殖方法：扦插繁殖（枝插、叶插）。

水培方法：用洗根法和水插法进行水培。

洗根法：

(1) 选取生长健壮的土培长寿花，轻轻拍打盆的四周，脱去花盆。

(2) 去掉根部泥土，在水中泡洗，避免损失根系，适当修剪残根和枯叶。

(3) 用0.05%～0.1%的高锰酸钾溶液浸泡根系10分钟进行消毒处理。

(4) 用带有喷头的水龙头冲洗根系。

(5) 选择适宜的水培玻璃容器并清洗干净，放入处理好的植株。

(6) 加入清水至根系的2/3处。

(7) 用喷壶给叶面洒水。

水插法：剪取数根生长健壮的枝条，去除基部叶片，稍微干燥后直接插入清水中进行养植，1周即可长出水生根。水插法宜在春季和秋季进行。

养护管理：

(1) 刚开始水培时每2～3天换1次水，当植株完全适应水培环境时，加入营养液进行养护，每3～4周更换1次营养液。

(2) 长寿花适宜水养，生长迅速，因此其茎、叶生长过高时，要进行摘心以促进分枝，11月份花芽形成后应停止摘心。花后及时剪除残花，以减少养分消耗。

(3) 长寿花喜阳光充足，但夏季忌强光直射。如光线不足，则枝条细长、叶片小而薄；如长期光照不足，则会造成叶片脱落，花色暗淡。

(4) 长寿花12月至翌年4月开出鲜艳夺目的花朵，每一花枝上可多达数十朵花，花期长达4个多月，长寿花之名由此而来，是元旦和春节期间馈赠亲友和长辈的理想花卉。为使长寿花在元旦和春节期间开花，冬季夜间温度应在10℃以上，白天温度应在15～18℃之间。

四、莲花掌

别称：石莲花。

科属：景天科石莲花属。

分布：原产墨西哥。

形态特征：多年生无茎草本植物。根茎粗壮，有长丝状气生根；叶蓝灰色，近圆形或倒卵形，无柄；总状单枝聚伞花序，花径20~30cm，着花8~12朵，外面红色或粉红色，里面黄色；花期6~8月。

习性：喜温暖、湿润和光照充足的环境，耐半阴，忌长时间强光直射。生长适温为15~25℃，不耐寒，越冬温度为10℃以上。

繁殖方法：扦插、分株繁殖。

水培方法：用洗根法和水插法进行水培。

洗根法：

(1)选取生长健壮的莲花掌，轻轻拍打盆的四周，脱去花盆。

(2)去掉根部泥土，在水中泡洗，避免损失根系，适当修剪残根和枯叶。

(3)将根系用0.1%的高锰酸钾溶液浸泡15分钟进行消毒处理。

(4)用带有喷头的水龙头冲洗根系。

(5)选择适宜的水培玻璃容器并清洗干净，放入处理好的植株。

(6)加入清水至根系的1/2处。

(7)用喷壶给叶面洒水。

水插法：

(1)截取顶端带有莲座，并有气生根的枝端，置于阴凉处晾干切口。

(2)选择适宜的水培玻璃容器并清洗干净，放入处理好的植株。

(3)加入清水，水面要略低于茎基切口，防止茎基腐烂。

养护管理：

(1)刚开始水培时每2~3天换1次水，当植株完全适应水培环境时，加入低浓度营养液进行养护，3~4周更换1次营养液。

(2)莲花掌喜光，全年均需充足的阳光，但盛夏时要避免强光直射。若光照不足，将会导致茎叶徒长、叶片稀疏、叶色变浅，甚至落叶。

(3) 夏季置于阴凉通风处，增加喷水次数，及时清除枯叶和过多的子株；因抽生花序后叶丛松散，故要及时剪除花序。

(4) 冬季置于室内向阳处，温度宜保持在 10℃ 以上，停止叶面喷水。

五、玉树

别称：景天树。

科属：景天科青锁龙属。

分布：原产非洲南部。

形态特征：多年生常绿多浆亚灌木。株高 1～3m；茎干肉质，粗壮，干皮灰白，色浅；分枝多，小枝褐绿色，色深；叶肉质，卵圆形，叶片灰绿色，边缘有红晕；筒状花白或淡粉色，花期春末夏初。

习性：喜温暖、干燥和阳光充足环境。不耐寒，怕强光，稍耐阴；土壤以肥沃、排水良好的砂质壤土为宜。越冬温度不低于 7℃。

繁殖方法：扦插繁殖（枝插、叶插）。

水培方法：用洗根法和水插法进行水培。

洗根法：

(1) 选取生长健壮的小型玉树，轻轻拍打盆的四周，脱去花盆。

(2) 去掉根部泥土，在水中泡洗，避免损失根系，适当修剪残根和枯叶。

(3) 用 0.1% 的高锰酸钾溶液浸泡根系 15 分钟进行消毒处理。

(4) 用带有喷头的水龙头冲洗根系。

(5) 选择适宜的水培玻璃容器并清洗干净，放入处理好的植株。

(6) 加入清水至根系的 1/2 处。

(7) 用喷壶给叶面洒水。

水插法：

(1) 截取生长健壮的枝条，去除基部叶片，置于阴凉处晾干切口。

(2) 选择适宜的水培玻璃容器并清洗干净，放入处理好的植株。

(3)加入清水，水面要略低于茎基切口，防止茎基腐烂。

养护管理：

(1)刚开始水培时每2~3天换一次水，当植株完全适应水培环境时，置于光照充足处，加入低浓度营养液进行养护，每2~3周更换营养液。

(2)盛夏时要避免强光直射，叶片萎缩、枯黄。

(3)冬季置于室内向阳处，温度宜保持在5℃以上，否则易脱叶。

六、条纹十二卷

别称：蛇尾兰。

科属：百合科十二卷属。

分布：原产南非。

形态特征：多年生肉质草本。无茎，基部抽芽，群生；根生叶簇生，三角状披针形，先端细尖呈剑形，表面平滑，深绿色，背面横生整齐的白色瘤状突起；花莛长，总状花序，小花绿白色。

习性：喜温暖、干燥和阳光充足环境，耐干旱、耐半阴，怕低温和潮湿，喜肥沃、疏松的砂质壤土。生长期适温为白天20~22℃，夜间10~13℃，冬季最低温度不低于5℃。

繁殖方法：以扦插、分株繁殖。

水培方法：用洗根法和水插法进行水培。

洗根法：

(1)选取生长健壮的条纹十二卷，轻轻拍打盆的四周，脱去花盆。

(2)去掉根部泥土，在水中泡洗，避免损失根系，修剪残根。

(3)用0.05%~0.1%的高锰酸钾溶液浸泡根系10分钟进行消毒处理，用清水冲洗根系。

(4)选择适宜的水培玻璃容器并清洗干净，放入处理好的植株。

(5)加入清水至根系的1/2处。

(6)用喷壶给叶面洒水。

水插法：

（1）于春季和秋季切取分蘖株，洗净泥土，置于阴凉处晾干切口。

（2）选择适宜的水培玻璃容器并清洗干净，放入处理好的植株。

（3）加入清水，水面要略低于切口，防止腐烂。

养护管理：

（1）刚开始水培时每2~3天换1次水，当植株完全适应水培环境时，加入植物营养液进行养护，每3周更换1次营养液。

（2）夏季植株处于半休眠状态，应置于阴凉通风处，经常向叶面喷水。

（3）冬季置于室内向阳处，温度宜保持在10℃以上，太高会影响其休眠，而低于5℃则会造成冻害。若冬季光照不足，则叶片缩小、叶色发红、花纹不清晰。

参考文献

1. 王莲英，等. 花卉学[M]. 北京：中国林业出版社，1988.
2. 程广有. 名优花卉组织培养技术[M]. 北京：科学技术出版社，2001.
3. 谭文澄，等. 观赏植物组织培养技术[M]. 北京：中国林业出版社，1991.
4. 魏岩. 园林植物栽培与养护[M]. 北京：中国科学技术出版社，2003.
5. 孙艺嘉. 家庭水培花卉手册[M]. 长春：吉林科学技术出版社，2009.

中文名索引